修心的人生幸福多

李帆◆著

人生是场修行，你要学会修心

廣東旅游出版社
GUANGDONG TRAVEL & TOURISM PRESS
悦读书·悦旅行·悦享人生
中国·广州

图书在版编目（CIP）数据

修心的人生幸福多 / 李帆著. — 广州：广东旅游出版社，2014.8
（2024.8重印）
ISBN 978-7-80766-891-6

Ⅰ. ①修… Ⅱ. ①李… Ⅲ. ①人生哲学－通俗读物 Ⅳ. ①B821-49

中国版本图书馆CIP数据核字（2014）第153639号

修心的人生幸福多
XIU XIN DE REN XING FU DUO

出 版 人 刘志松
责任编辑 李 丽
责任技编 冼志良
责任校对 李瑞苑

广东旅游出版社出版发行

地　　址 广东省广州市荔湾区沙面北街71号首、二层
邮　　编 510130
电　　话 020-87347732（总编室） 020-87348887（销售热线）
投稿邮箱 2026542779@qq.com
印　　刷 三河市腾飞印务有限公司
（地址：三河市黄土庄镇小石庄村）
开　　本 710毫米×1000毫米 1/16
印　　张 14
字　　数 200千
版　　次 2014年8月第1版
印　　次 2024年8月第2次印刷
定　　价 59.80元

前　言

人的本性到底是什么样？婴儿呱呱坠地之时，他们的心是最纯净的，你可以看到，孩子的语言最天真，孩子的思想最单纯，原因就是因为其本心是光明的，没有杂质的。当我们渐渐成长，从对世界充满好奇，到对世界产生迷惑，再到对世界充满恐惧，这其间，心灵承受了来自外界的各种刺激和压力，它就像一个转换器，当它不够强大或者失灵的时候，一些负面情绪便产生了。

负面情绪是思想的垃圾，心灵的毒药，它破坏我们的机体，腐蚀我们的心灵，使我们缺乏激情，丧失斗志，甚至使我们迷失方向，走上歧路。

负面情绪到底有多大的破坏力？负面情绪常使人与人之间产生隔阂、猜忌、不信任、指责、抱怨，它还会使人变得浮躁、焦虑不安、左顾右盼、瞻前顾后，对生活失去乐趣。负面情绪如此可怕，因此，只有消除和清理这些负面垃圾和能量，才会使我们轻装上阵，幸福生活。

那么，是谁在操纵情绪的转向杆呢？当然是心灵。古人言："境由心生，心生万物。"心生万物，是说我们生命中所发生的一切，都是我们主动找来的。用现代心理学来解释，我们可以把这个规律叫作"吸引力定律"。你往好的地方想，好事就会向你走来；你往坏的地方看，坏事就会主动靠近你。打个比方，当有人毁谤你、污蔑你，你恨他，你还击，你带着气愤作出的反应，就一定会得到快乐吗？直接向你袭来的，很可能是对方更大的攻讦，或见你气愤，对方反而更加高兴。相反，你若抱着"是非审之于己，毁誉听之于人"的态度，完全不理会他的碴儿，对方毫无根据的诽谤，就像是拿火去烧空气，没有多久，流言之火就会灭掉，而此时，你不但不气，还可能得到更多人的敬重，这坏事岂不是变成好事？如此来看，修心是多么重要的一件事。

修心是人一生都要做的功课，心是生命的舵手，生命或精彩或暗淡，或平静或烦乱，或顺遂或逆旅，都由心的选择来决定。人生苦短，若想在短暂的一世获得更多的幸福，就请修心吧。

本书从九个方面入手，强调了人们入世生活该以怎样的心灵迎击风雨，以怎样的态度为人处世。书中教大家要忘忧消愁，修一颗平常心；仁爱善良，修一颗慈悲心；不轻不慢，修一颗谦卑心；知恩惜福，修一颗感恩心；从容镇定，修一颗淡定心；得失随缘，修一颗淡泊心；豁达大度，修一颗宽容心；洞穿人性，修一颗智慧心；积极向上，修一颗精进心。身处社会，若能修习这样的心性，那么此生你便能减许多烦恼，增许多幸福。

目　录

卷五
从容镇定，修一颗淡定心

卷六
得失随缘，修一颗淡泊心

卷七
豁达大度，修一颗宽容心

卷一

忘忧消愁，修一颗平常心

莫伯桑曾经说过，人生既不是想象中那么好，也不是想象中那么糟。人生总会遇到各种各样的事情，凡事要有一颗平常心。只要你勇于微笑，达观待之，生活就将充满希望。

1. 学会不在意，别总拿什么都当回事

对于每个人来说，烦恼、痛苦都是难免的，而一些人往往太过于计较，认为这是自己的不幸，生活没有快乐可言。其实，只要我们保持一颗平常心，用心去领悟生活的内涵，珍惜所拥有的幸福，对一些小事挥挥手，不去在意，用大海般的胸怀去容纳一切，人生的境界就会从此不同。

有一对夫妇，吃饭闲谈。妻子兴之所至，一不小心冒出一句不大顺耳的话来，不料丈夫细细地分析了一番，于是心中不快，与妻子争吵起来，直至掀翻了饭桌，拂袖而去。

在我们的生活中，这样的例子并不少见，细细想来，当然是因小失大，得不偿失的。我们不得不说，这些人实在有点小心眼，太在意身边那些琐事了。其实，许多人的烦恼，并非是由多么大的事情引起的，而恰恰是来自对身边一些琐事的过分在意、计较和较真。

比如，在有些人那里，别人说的话，他们喜欢句句琢磨，对别人的过错更是加倍抱怨，对自己的得失喜欢耿耿于怀，对于周围的一切都易于敏感，而且总是曲解和夸大外来信息。这种人其实是在用一种狭隘、幼稚的认知方式，为自己营造着可怕的心灵监狱，这是十足的自寻烦恼。他们不仅使自己活得很累，而且也使周围的人活得很无奈，于是他们给自己编织了一个痛苦的人生。

要知道，人生中这种过于在意和计较的毛病一旦养成，天长日久，许多小烦恼就会铸成大烦恼。其实，在这一点上，古代的智者们早已有了清醒而深刻的认识。早在两千多年前，雅典的政治家伯里克利斯就向人们

发出振聋发聩的警告："注意啊，先生们，我们太多地纠缠小事了！"之后，法国作家莫鲁瓦更深刻地指出："我们常常为一些应当迅速忘掉的微不足道的小事所干扰而失去理智，我们活在这个世界上只有几十个年头，然而我们却为纠缠无聊琐事而白白浪费了许多宝贵时光。"这话实在发人深思。过于在意琐事的毛病严重影响了我们的生活质量，使生活失去光彩。显然，这是一种最愚蠢的选择。

从台湾归来定居的111岁老人陈椿有一句话说得极妙："一件事，想通了是天堂，想不通就是地狱。既然活着，就要活好。"其实，有些事是否能引来麻烦和烦恼，完全取决于我们自己如何看待和处理它。所谓事在人为，结果就大相径庭。因此，美国的心理学家戴维·伯恩斯提出了消除烦恼的"认知疗法"——通过改变人们对于事物的认识方式和反应方式来避免烦恼和疾病。这就需要我们首先要学会不在意，换一种思维方式来面对眼前的一切。

不在意，就是别总拿什么都当回事，别去钻牛角尖，别太要面子，别事事"较真"、小心眼；别把那些微不足道的鸡毛蒜皮的小事放在心上；别过于看重名与利的得失；别为一点小事而着急上火，动辄大喊大叫，以致因小失大，后悔莫及；别那么多疑、敏感，总是曲解别人的意思；别夸大事实，制造假想敌；别把与你爱人说话的异性都打入"第三者"之列而暗暗仇视之；也别像林黛玉那样见花落泪、听曲伤心、多愁善感，总是顾影自怜。

要知道，人生有时真的需要一点大气。不在意，也是在给自己设一道心理保护防线。不仅不去主动制造烦恼的信息来自我刺激，而且即使面对一些真正的负面信息、不愉快的事情，也要处之泰然、置若罔闻、不屑一顾，做到"身稳如山岳，心静似止水"，"任凭风浪起，稳坐钓鱼台"。

这既是一种自我保护的妙法，也是一种坚守目标、排除干扰的妙策。我们的精力毕竟有限，假如处处纠缠琐事，被小事所累，我们的一生必将一事无成。不在意，也是一种豁达、大量与包容。海纳百川，有容乃大。有宽广的胸怀和气度，是很容易告别琐屑与平庸的。而当你实现豁达与包容后，自然会产生轻松幽默，从而洋溢出一种人格的魅力。

不在意，最终体现的是一种修养，一种高贵的人格，一种人生大智慧。那些凡事都与人计较、锱铢必争的人，自以为很聪明，其实是以小聪明干大蠢事，占小便宜惹大烦恼；而不在意乃是不争，无为之为，大智若愚，其乐无穷！

不在意的人，是超越了自我的人，也是活得潇洒的人。因为避免了琐事的羁绊和缠绕，也就使自己获得了解放，自有一片自由的天地任自己驰骋。

当然，不在意并不等于逃避现实，不是麻木不仁，不是看破红尘后的精神颓废和消极遁世；不是什么都冷若冰霜、无动于衷的作家笔下的“局外人”。而是在奔向大目标途中所采取的一种洒脱、豁达、飘逸的生活策略。倘能如此，自然会拥有一个幸福美妙的人生。

修心箴言：

不在意，就是别总拿什么都当回事，别去钻牛角尖，别太要面子，别事事“较真”、小心眼；别把那些微不足道的鸡毛蒜皮的小事放在心上；别过于看重名与利的得失；别为一点小事而着急上火，动辄大喊大叫，以致因小失大，后悔莫及；别那么多疑、敏感，总是曲解别人的意思；别夸大事实，制造假想敌；别把与你爱人说话的异性都打入“第三者”之列而暗暗仇视之；也别像林黛玉那样见花落泪、听曲伤心、多愁善感，总是顾影自怜。

2. 笑对人生，选择幸福

笑对人生，选择幸福的生活，不仅仅是一种人生境界，也是一种生存理念。要达到这种境界，就必须要有一颗包容的心，一种笑对人生的心态。

有位电视名人请了一位老人当他节目的来宾。这位来宾的确是位少见的老人。他讲话的内容完全是毫无准备的，当然绝对没有预演过。他的话把他彰显得魅力四射，不管他什么时候说什么话，听起来总是特别贴切，毫不做作，观众都笑翻了，非常喜欢他。主持人显然对这位幸福快乐的老人印象极佳，像观众一样享受着老人带来的欢乐。

最后，主持人禁不住问这位老人为什么这么快乐。“您一定有什么特别的快乐秘诀吧？”

“没有，”老人回答道，“我没有什么了不起的秘诀。我快乐的秘诀非常简单，每天当我起床的时候我有两个选择——快乐和不快乐，不管快乐与否，时间仍然不停地流逝，我当然会选择快乐，这就是我的秘诀。”

是谁决定你快乐或不快乐？不是现实，是你自己！只有你自己选择快乐，你才能快乐起来。

一个人如果下定决心要拥有幸福，他就会拥有幸福。你可能是幸福的、满足的，也可能是不幸的，因为你有权利选择其中的任何一种。起决定作用的因素是你受积极的还是消极的心态的影响，这个因素也只有你能控制。

修心的人生幸福多——人生是场修行，你要学会修心

选择“幸福”？这件事乍听起来，也许单纯得令人不敢相信。但是，亚伯拉罕·林肯曾说过的：“人们如果下定决心要拥有幸福，他就会拥有幸福。”换言之，如果你选择不幸，你就会变为不幸的人。

会享受人生的人，不会在意拥有多少财富，不会在意住房大小、薪水多少、职位高低，也不会在意成功或失败，只要会数数就行。“不要计算已经失去的东西，多数数现在还剩下的东西。”这个十分简单的数数法，就是选择幸福的一种智慧。

在宁夏南部山区有一位还未脱贫的农民，他常年住的是漆黑的窑洞，顿顿吃的是玉米、土豆，家里最值钱的东西就是一个盛面的柜子。可他整天无忧无虑，早上唱着山歌去干活，太阳落山又唱着山歌走回家。

别人都不明白，他整天乐什么呢？

他说：“我渴了有水喝，饿了有饭吃，夏天住在窑洞里不用电扇，冬天热乎乎的炕头胜过暖气，日子过得美极了！”

这位农民能珍惜自己所拥有的一切，从不为自己欠缺的东西而苦恼，这就是他能感受到幸福的真正原因。

其实，我们绝大多数人所拥有的，远远超过了这位农民，可惜总被我们自己所忽略。你的收入虽然不高，但粗茶淡饭管饱管够，绝无那些富贵病的侵扰；你的配偶或许并不出众，但他能与你相亲相爱，白头到老；你的孩子虽然没有考上大学，但他却懂得孝敬父母，知道自力更生……人生，该数数的东西还有很多很多。

我们大多数人都在疲于奔命，寻求其所谓的幸福。而幸福，原本就在我们的生活不远处，只要你能接纳不幸，笑对痛苦，多看自己拥有的，别在意已经失去的，正确地面对生活，幸福也就不请自来了。

卷一

忘忧消愁，修一颗平常心

修心箴言：

会享受人生的人，不会在意拥有多少财富，不会在意住房大小、薪水多少、职位高低，也不会在意成功或失败，只要会数数就行。“不要计算已经失去的东西，多数数现在还剩下的东西。”这个十分简单的数数法，就是选择幸福的一种智慧。

3. 怀一颗平常心，看一些好事情

生活中，随时可见不同的人对同一件事持有不同的看法，并且都能成立，都合逻辑。比如同样是半杯水，有人说杯子是半空的，有人则说杯子是半满的。水没有变，不同的只是心态。心态不同，观察和感知事物的侧重点就不同，对信息的筛选就不同，因而环境与世界都不同。心态给人戴上了有色眼镜和预设频段的耳机，人们于是只看到和听到他们“想”看和“想”听的。

所以，有些人总喜欢说，他们现在的境况是别人造成的，环境决定了他们的人生位置。事实上，我们的境况不是由周围环境造成的。说到底，如何看待人生、把握人生由我们自己来决定。

有个叫维克托·弗兰克尔的人，他什么罪也没有，只因是犹太人，就被投入到纳粹德国某集中营。每天他都在积极思考，用什么样的办法能逃出去。他去请教同室的伙伴们，伙伴们嘲笑他道：来到这个地方，从来就没人想过能活着出去。还是老老实实干活吧，也许能多活几天。可维克托不是这么想的，他想到的是家有老母妻儿，自己一定要活着出去！积极的思考终于给他带来了机会。一次，在野外干活，趁着黄昏收工时，他钻进了大卡车底下，把衣服脱光，乘人不注意，悄悄地爬到了附近不远处的一堆赤裸死尸上，他全然不顾刺鼻难闻的气味以及蚊虫的叮咬，只是屏住呼吸一动不动地装死。直到深夜，他确信无人，才爬起来光着身子一口气跑了70公里。这位幸存者后来对人们说：“在任何特定的环境中，人们还有一种最后的自由，那就是选择自己的态度。”

一位成功者说过：百分之九十的失败者其实不是被打败的，而是他们自己放弃了成功的希望。其实，人与人的差别只是一点点，但这小小的差别却有极大的不同。小小的差别是思维方式，极大的不同是这思维方式究竟是积极的还是消极的。

有两位年届70岁的老太太，一位认为到了这个年纪算是人生的尽头了，于是便开始料理后事；另一位却认为一个人能做什么事不在于年龄的大小，而在于怎么去想。于是，她在70岁高龄之际开始学习登山，后来她还以95岁高龄登上了日本的富士山，打破了攀登此山年龄最高的纪录。她就是著名的胡达·克鲁斯老太太。

70岁开始学习登山，这乃是一大奇迹。但奇迹是人创造出来的。成功人士的首要标志，是他思考问题的方法。一个人如果是个积极思维者，实行积极思维、喜欢接受挑战和应付麻烦事，那他就成功了一半。胡达·克鲁斯老太太的壮举就验证了这一点。

可见，一个人能否成功，就看他的态度了！成功人士与失败者之间的差别是：成功人士始终用最乐观的精神和最辉煌的经验支配和控制自己的人生。失败者则正好相反，他们的人生是受过去的种种失败与疑虑所引导支配的。

所以说，只要你掌握控制了自己的心态，你就主宰了自己的命运。影响你心态的，不是上司，不是同事，不是父母，也不是失败，而是你自己。外界事物的变化，别人的所思所行，都不是我们的责任。我们只为自己的反应负责，这就是我们的态度。你怎么想、怎么反应，全凭你自己。

可见，一件事情，两种看法，也便产生了两种不同的心灵世界。

比尔的脸色极其糟糕，看上去似乎马上就要爆发了。朋友很奇怪地问他究竟发生了什么事情。比尔是这样回答的："外面真的是太热了！你简直想不到什么事情发生了！我被粘在车座上了！是的，我被粘在车座上了！被什么给粘上面了？我的巧克力！这鬼天气竟然把巧克力都给热化了，弄得车里到处都是黏黏的，我还不得不将这些讨厌的东西给清除干净。今天真的不应该出来，我应该留在家里的！"

这样的抱怨在我们看来可能非常的荒谬，或者当我们读到这里的时候，很多人不仅不会同情这位"被巧克力粘在车座上"的比尔，还会觉得整件事情滑稽可笑。但是如果我们能够再回过头看看自己过去所做过的一些事情，也许我们会很惊讶地发现，原来自己曾经对类似的事情说过类似的话。是的，我们都可能在没有注意到的时候对一些很小的，根本不值得一提的事情特别地关注，并且抱怨不停。这也许是人性的缺陷吧！

研究人员发现，在现代社会里，人们日常生活中75%的谈话是消极的。我们都知道这是事实，因为我们自己就是这么去做的。比如，一大早起来，人们开始评价的第一件事便是今天的天气究竟如何。而且在他们看来，天公从来不作美，没有哪天的天气能够让他们感到满意，所以他们也从没有停止过抱怨："今天的天气简直是热极了！"或者"今天的天气简直糟糕透顶！""难道就没有一天的好日子吗？"

如果我们能够平心静气地想一想自己以前所做的这样的事情，我们就不难发现，抱怨的目的，或者说人们不断地去抱怨的原因，只是为了能够得到别人的注意而已。事实上很多的事情都是一些鸡毛蒜皮的小事，但却总是有人会对此大惊小怪，恨不得所有的人都知道自己在"受难"。

"要知道可不是所有的人都能够有这样的机会被巧克力给粘在车座上的呀！嘿，我可真是好运气呀，我应该高兴才是！下一次聚会的时候，我要给大家讲这个故事，让大家和我一起大笑！"如果比尔能这样想，结果就大不一样了。

人生如白驹过隙，不过短短几十年，只要自己用一颗平常心去面对生活，放弃不必要的忧虑，照样能发现无数个快乐的理由。面对不幸时，主动改变自己的消极心态，就能从痛苦烦恼中解脱出来，从而快乐地生活。

修心箴言：

心态不同，观察和感知事物的侧重点就不同，对信息的筛选就不同，因而环境与世界都不同。心态给人戴上了有色眼镜和预设频段的耳机，人们于是只看到和听到他们“想”看和“想”听的。

4. 心中一片洒脱，生活一片安详

安详本是佛家用语。僧人学禅悟道走遍千山百岭，所谓“芒鞋踏破岭头云”——不辞艰辛跋涉，去追求佛法真谛。这真谛是什么？就是一种安详的心态。

一个人能够包容生活，不管物质生活充实或贫乏，都能保持内心的安详，也就是在过着幸福的生活了。相反，如果一个人的心里紊乱不安，那么即使他身处高位，荣禄在身，生命也是处在煎熬之中。

佛门弟子苦参苦学，他们追求的是什么呢？绝不是什么神秘的东西。因为真理是普遍的，神秘绝不是真理。他们追求不是神秘，也不是物欲，而是内心的安详。

晚清时的王有龄，进京捐官成功，由于有他人的保荐，回到杭州很快就得到了海运局坐办的实缺，而在胡雪岩的全力帮助下，涉及王有龄自己以及整个杭州官场人物前途的漕米解运的麻烦，也一举圆满解决。这个时候又恰逢湖州知府出缺。湖州为有名的生丝产地，丰饶富庶，是一个令许多人垂涎的地方。王有龄由于漕米解运的事，已经在杭州得了“能员”之称，这使他一下子又得了湖州知府的肥差。不仅如此，他还同时得到了兼领浙江海运局坐办的许可。一切如意，他实在是太顺利了。

如此顺利，使王有龄自己都不能相信自己的运气会如此之好，他对胡雪岩说：“一年工夫不到，实在想不到有今日之下的局面。福者祸所倚，我心里反倒有些嘀咕了。”倒是胡雪岩大气得多，他对王有龄说：“千万要沉住气。今日之果，昨日之因，莫想过去，只看将来。今日之下如何，不要去管它，你只想着我今天做了些什么，该做些什么就是了。”

胡雪岩的这番话，不外乎是说人要不为宠辱得失所动，不要过多地去想自己面对的得失，而应该保持安详平和的心态，注重做该做必做的事。这番话虽然是具体针对王有龄的沉不住气说的，但却也实在地说出了人们该有的包容之心。人确实要有一点这种不为宠辱所动，不被得失所拘的大气，做到宠辱不惊。一时的得失荣辱虽并不能都轻轻松松全看成过眼烟云，但最重要的是把握内心的平和安详。

苏轼的友人王定国有一名歌女，名叫柔奴。眉目秀丽，善于应对，其家世代居住京师。后王定国迁官岭南，柔奴亦随之，多年后，复随王定国还京。苏轼拜访王定国时见到柔奴，问她：“岭南的风土应该不好吧？”不料柔奴却答道：“此心安处，便是吾乡。”

苏轼闻之，心有所感，遂填词一首，这首词的后半阕是：“万里归来年愈少，微笑，笑时犹带岭梅香。试问岭南应不好？却道：此心安处是吾乡。”在苏轼看来，偏远荒凉的岭南不是一个好地方，但柔奴却能像生活在故乡京城一样处之安然。从岭南归来的柔奴，看上去似乎比以前更加年轻，笑容仿佛带有岭南梅花的馨香，这就是随遇而安，并且是心灵之安的结果。

苏东坡曾在《定风波·沙湖道中遇雨》中写道：

“莫听穿林打叶声，何妨吟啸且徐行。竹杖芒鞋轻胜马，谁怕？一蓑烟雨任平生。料峭春风吹酒醒，微冷，山头斜照却相迎。回首向来萧瑟处，归去，也无风雨也无晴。”

这是他在去一个名叫沙湖的地方的路途中，突然遇到大雨时，“雨具先去，同行皆狼狈，余独不觉。已而遂晴，故作此词”。

修心的人生幸福多——人生是场修行，你要学会修心

在被贬边城、人生遭遇不幸的时候，苏东坡依然旷达、乐观，不让外界的环境变化来扰乱自己的心境，改变自己向来乐观的人生信念。正如“莫听穿林打叶声，何妨吟啸且徐行”所描写的那样，当乱雨打叶、风波骤起的时候，何不把它当作一道生活中的小风景，在雨中慢慢走，慢慢吟诗，心情自然就不错。当一切风平浪静的时候，再回首看看那样的过程，却带有一点享受般的惬意。

对于像苏东坡这样处乱不惊、心如止水、不受外界干扰的人来说，其实人生本来就是“也无风雨也无晴”的。即便时光已逝去千年，我们仿佛还能看到苏东坡竹杖芒鞋在雨中吟啸徐行的样子，看到一个天真烂漫、充满生命激情的人，在向我们展示着，生命原来可以这样洒脱。

人生在世，很不容易，风风雨雨、沟沟坎坎、苦辣酸甜都可能遇到。因此，要保持内心的安详，做到随遇而安。这种心态并非消极的，而是提示人们在不断地进取中，无论是成功，还是失败；无论是车水马龙，还是门庭冷落；无论是辉煌夺目，还是默默无闻，都要有个良好的心态，笑对人生！

生活中不如意的事情是很多的。俗话说：“不如意事常有八九。”人生际遇不是个人力量可以左右的，而在诡谲多变、不如意常有八九的环境中，唯一能使我们快乐的办法，就是用平常心去面对生活，使自己的内心保持平和安详。

一个人搭车回家，行至途中，车子抛锚，当时正值盛夏午后，闷热难当。当他得知四五个小时后才可启程时，就独自到附近的海滨游泳去了。

海滨清爽宜人。当他兴尽归来时，车子已经修好，趁着黄昏的晚风，他踏上了归程。之后，他逢人便说：“真是一次愉快的旅行！”

由此，包容的妙处可见一斑。假如换了别人，在这种情况下，恐怕只好站在烈日下，一面抱怨，一面着急。那辆车不会因此而提前一分钟修好，那次旅行也一定是一次最糟糕的旅行。

砂糖是甜的，精盐是咸的。通常，如果想要使食物尝起来是甜的，只要加点糖就可以了。然而事实上，若我们再加入些盐，反而更能增强砂糖的甜度与味道，这正是造物主绝妙的安排。

当杰勒米·泰勒丧失了一切——他的房屋遭人侵占，家人被赶出家门，流离失所，庄园被没收了的时候，他这样写道："我落到了财产征收员的手中，他们毫不客气地剥夺了我所有的财产。现在只剩下了什么呢？让我仔细搜寻一下。他们留给了我可爱的太阳和月亮，我的温良贤淑的妻子仍在我的身边，我还有许多给我排忧解难的患难朋友，除了这些东西之外，我还有愉快的心、欢快的笑脸。他们无法剥夺我对上帝的敬仰，无法剥夺我对美好天堂的向往以及我对他们罪恶之举的仁慈和宽厚。我照常吃饭、喝酒，照样睡觉和消化，我照常读书和思考……"

在意外打击和灾难面前，泰勒仍感到有足够的理由欢乐，他像是爱上了这些痛苦和灾难似的，或者说，他在这种常人难以摆脱的痛苦和怨恨中仍然能够自得其乐，真可谓不以常人之忧为忧，而以常人之乐为乐。他之所以能做到这一步，是因为他敢于藐视困难，视灾祸为一点寻常荆棘，他就是坐在这些小小的荆棘之上，亦不足为忧，保持一份豁达的心境，那真是比有万贯家财更有福气。

安详显示的成熟使人有了万事随缘的感悟，不再张狂，不再浮躁。

安详是一种精良的生命质地。一个人能以宁静的心境从容看天上云卷云舒，静观地上花开花落，洞察世间人聚人散，这便是安详的修养。

不管是什么样的天气，什么样的境遇，只要心中洒脱，看得开，

修心的人生幸福多——人生是场修行，你要学会修心

保持一颗乐观豁达的心，对你来说永远都是风和日丽、天高云淡的好天气。

修心箴言：

人生在世，很不容易，风风雨雨、沟沟坎坎、苦辣酸甜都可能遇到。因此，要保持内心的安祥，做到随遇而安。这种心态并非消极的，而是提示人们在不断地进取中，无论是成功，还是失败；无论是车水马龙，还是门庭冷落；无论是辉煌夺目，还是默默无闻，都要有个良好的心态，笑对人生！

5. 我们以丧失开始人生

美国著名心理学家朱迪·福斯特曾说：“我们以丧失开始人生。”是的，我们被抛出温暖的子宫，来到这个陌生的世界，我们失去了绝对安全的庇护，但从此开始了人生新的征程。在生活的漫长道路中，我们失去了很多所爱的人和事物，也得到了人生的感悟和收获。丧失，的确是一件痛苦的事情，但它并不可怕，它是我们为生活付出的沉重代价，但它也是我们成长和收获的源泉。

犹如航行在大海上的船，虽然由于风暴的摧残，一艘艘变得伤痕累累，丧失原先的完整，但风暴过后，它们修补了伤口，依然在广阔无垠的大海上破浪前进，甚至比以前变得更加顽强，更加牢固。

英国劳埃德保险公司曾从拍卖市场买下一艘船，这艘船1894年下水，在大西洋上曾138次遭遇冰山，116次触礁，13次起火，207次被风暴扭断桅杆，然而它从没有沉没过。劳埃德保险公司基于它不可思议的经历及在保费方面带来的可观收益，最后决定把它从荷兰买回来捐给国家。现在这艘船就停泊在英国萨伦港的国家船舶博物馆里。

不过，使这艘船名扬天下的却是一名来此观光的律师。当时，他刚打输了一场官司，委托人也于不久前自杀了。尽管这不是他的第一次辩护失败，也不是他遇到的第一例自杀事件，然而，每当遇到这样的事情，他总有一种深深的负罪感。他不知该怎样安慰这些在生意场上遭受了不幸的人们。

当他在萨伦船舶博物馆看到这艘船时，忽然有了一种想法，为什么不让他们来参观参观这艘船呢？于是，他就把这艘船的历史抄下来，和这艘船的照片一起挂在了他的律师事务所里，每当商界的委托人请他辩护，无论输赢，他都建议他们去看看这艘船。它使我们知道：在大海上航行的船没有一艘是不带伤的。

所以我们应该认清一个道理，人生是一个不断争取、不断丧失的过程。我们长大了，世界就不再视我们为孩子。我们再长大，就会面对分离，失去父母，失去爱人，直到最后失去自己。与之相比失去金钱或一次失败，实在是再平常不过的事了。我们不知是否有更高的目的隐藏在一切的背后，我们只能相信，这一切乃是必要的。

佛经言："舍得，舍得，有舍才有得。"失去是一种痛苦，但更多的是为了迎接新生。失去春天的葱绿，却能收获丰硕的金秋；失去阳光的灿烂，却能收获雨露的甘甜……

修心箴言：

在生活的漫长道路中，我们失去了很多所爱的人和事物，也得到了人生的感悟和收获。丧失，的确是一件痛苦的事情，但它并不可怕，我们为生活付出的沉重代价，正是我们成长和收获的源泉。

6. 不要让心老得比年龄还快

“青春”永远是个美丽动人的字眼，它赋予女人健康美丽，比如：红润光泽的皮肤，明亮有神的大眼睛，乌黑亮丽的头发，苗条优美的身材；它赋予男人健康与强壮，比如：结实有力的胳膊，韧劲十足的双腿和玉树临风的外表。他们可以尽情地挥洒年轻的资本，展现青春魅力，哪怕被雨水淋湿了全身，他们也会无所谓地说一句“没事儿，这算什么！”这些都是因为他们还年轻，拥有青春资本。可是，如果有一天，讨厌的关节痛和哮喘病找到了你，从此你发现自己不再年轻，变成下楼梯需要小心翼翼，拄着拐杖还得颤颤巍巍，那你该怎么办呢?

一位声音清纯、面带笑容的美容师给学员留下了深刻的印象，在讲座中，她提了这样一个问题：“请在座的各位猜一下我的年龄？”

有的说：“35岁。”

有的猜：“将近30岁。”

结果，美容师微笑着摇头否认。她说：“我只有18岁零几个月。”

室内哗然，大家窃窃私语，发出一片不信任的惊诧声。

美容师接着说：“至于这零几个月是多少，请大家自己去琢磨吧，也许是几个月，也许是几十个月，或者更多，但是，我的心情只有18岁。”

说完，大家报以热烈的掌声。

俗话说：“不怕人老，就怕心老。”其实，一份好的心情，不仅可以改变自己，同时，更会感染别人，那种由内及外而浸透出来的美，就像蒙娜丽莎的微笑，就像维纳斯的断臂，就像秋瑾“至今思项羽，不肯过江东”的豪气……如果一个人拥有快乐的心情，就会变得美丽、自信、优雅、年轻，就会从容地笑对人生。正如那位美容师一样，永远都保持18岁的心情，所以她青春永驻。如果一个人的心情是灰色的、忧郁的，那么，再昂贵的化妆品也掩饰不住她满脸的愁容，再高超的美容师也无法抚平她紧锁的眉头。

当你不再年轻的时候，可能会觉得心里空落落的，虽说不用工作了，但也就此感觉不到自己的价值了。人的一生总在不断地寻求精神的寄托，只有这样，生活才会显得有意义。

相传有一个年过半百的人身患绝症，四处求医，却未见效。有一个智者告诉他：“你这种病有人能治，但你必须八方游吟，才能引他露面。”

于是这人开始流浪，四处吟唱，唱给富人、穷人、病人、孩子。数十年过去了，他从壮年变成老年，成了著名的游吟歌手，他的歌驱散了许多人的忧愁，治愈了许多人的顽症，他却浑然不知。一年又一年地唱过了百岁。

这天，一个路人问他：“你为什么一直在唱且唱得如此动听？”

他说：“为了找一个神医治我的绝症，唱了五十多年，可他还没露面，我这病可咋办呀？”

那人说：“巧了，我就是医生，你有病？”于是便为老者做了全面检查，随后对他说：“你说你都一百多岁了，可身体还这么硬朗，哪有什么病啊？”

“难道那个智者骗我不成？”老翁顾不上多想，欣喜得手舞足蹈：“我的病好了，不用唱了，不用找那个神医了！”

第二天，他安详地离开了人世……

有些人，年龄稍长，便不思进取，故步自封，不是抱怨“岁月不饶人”，便是感慨“长江后浪推前浪”。殊不知，自己的心老得比年龄更快。相反，另有一些老人退休后依然充满了青春的活力，他们丝毫不在意自己的年龄，反倒借着年老更悠闲地参加了更多的娱乐活动，学习了更多的知识和技艺。

在一个日语培训班的报名处，来了一位白发苍苍的老人。

工作人员十分惊奇，于是问他：“请问你是为你的儿子报名吗？”

老人摇摇头，说：“我是为自己报名。”

工作人员更加诧异，说：“您今年多大年纪？”

老人回答：“68了。”

工作人员劝他：“您别学了，过两年您就70大寿了！”

老人笑了，反驳他：“你认为我不学日语的话，过两年会是66岁吗？”

或许，年龄对于许多行业和许多实际工作来说，是一道难以跨越的门槛。因为，随着年岁增长，人的体能会渐渐衰退，这是生命发展的规律。但是，年龄却不会成为阻碍求知、阻碍提升自我的门槛，我们还是可以活到老学到老的。

修心箴言：

一份好的心情，不仅可以改变自己，同时，更会感染别人，那种由内及外而浸透出来的美，就像蒙娜丽莎的微笑，就像维纳斯的断臂，就像秋瑾“至今思项羽，不肯过江东”的豪气……如果一个人拥有快乐的心情，就会变得美丽、自信、优雅、年轻，就会从容地笑对人生。

7. 有挫折才是自然的人生

不曾经历过挫折的人生，根本不算是人生，挫折本是人生的原色。人类的成长，通常是由许多的挫折组成的。就如口香糖广告说：“幻灭是成长的开始。”在生活中，如果你没有被逆境所吓倒，反而选择以坚强乐观的态度，把它们想象成人生的必然，那么你就极有可能把逆境变成顺境的前奏。

“饥饿没有什么可怕的，爸爸。”一个耳聋的男孩苦苦地央求父亲将他从救济院抱出去，让他去获得接受教育的机会，“我们会生活在一个物质充足的社会中，并且，我知道怎么样来阻止饥饿，至少穷人都是靠一点点糖果来维持生存的，感到饿得难受时，他们就用一根带子把自己的肚子勒紧，不是吗？为什么我不可以这样？再说，灌木丛里长满黑莓和坚果，而原野上到处都可以找到萝卜，它们都可用来充饥。一个干草垛就是一张很好的床……”

这个可怜的耳聋男孩就是基托，一个有着酒鬼父亲的“小乞丐”。然而，正是这个孩子，最后成了有史以来最优秀的《圣经》学者之一。他没有因出身的卑微和先天的缺陷而悲伤沉沦，终于通过自己的努力而名扬世界。

挫折是一个人的炼金石，但人也不是铁打的，总会有难过的时候，那怎么办？大哭一场吧！将难过和悲伤都哭光，接下来又可以挺起身去和生活打仗。此时，选择坚强显得尤为重要。

因为情伤而离开台湾，之后做过泡茶的小妹，到如今当上资讯公司总经理的陈维琴说：“贫穷的家境成就了我一身耐磨的本事，更深刻地体会了人情冷暖。”

大学时代陈维琴一礼拜打工七天，在学校的成绩却名列前茅。初期工作时，从泡茶打杂、游戏手册翻译、行政，甚至公司会计业务，她都试过，从小吃惯了苦的人生历练造就了陈维琴的坚强。

以上所说的例子无非是告诉你，面对挫折和逆境，一定要调整好自己的心态，把它们看作是有益于人生的一种历练，要乐观面对，就像大诗人纪伯伦所说的那样："当你背对太阳时，你只会看到自己的阴影。"

当我们选择看待事物的阴暗面时，我们就看不见光明的那一面；当我们选择悲观时，我们便乐观不起来。有太阳的时候，我们可以选择面向太阳，这样便不会令自己陷入阴影中；而当太阳移动时，我们也可以跟着移动，做个永远的向日葵！

不管遇到什么难关，我们只能尽量找出其中的光明面。这样，不论处境有多难，都会转好！不然，只会让自己一直陷在不幸中。

许多挫折往往是好的开始。有人在挫折中成长，也有人在挫折中跌倒，这其中的差别，就在于个人是如何看待挫折，并是否作出了坚强的选择。

一位父亲带儿子去参观凡·高故居。在看过那张小木床及裂了口的皮鞋之后，儿子问父亲："凡·高不是一位百万富翁吗？"父亲答："凡·高是位连妻子都没娶上的穷人。"

第二年，这位父亲带儿子去丹麦，在安徒生的故居前，儿子又困惑地问："爸爸，安徒生不是生活在皇宫里吗？"父亲答："安徒生是位鞋匠的儿子，他就生活在这栋阁楼里。"

这位父亲是一个水手，他每年来往于大西洋各个港口。他的儿子便是伊尔·布拉格，是美国历史上第一位获普利策奖的黑人记者。

布拉格曾在回忆童年时说："那时我们家很穷，父母都靠出卖苦力为生。有很长一段时间，我一直认为像我们这样地位卑微的黑人是不可能有什么出息的，好在父亲让我认识了凡·高和安徒生，这两个人告诉我，上帝没有这个意思。”由此，我们可以看到，促使布拉格成功的无疑是那两位贫贱的名人。

从类似布拉格这一类人的故事中，我们可以发现这样一个事实：造化有时会把它的宠儿放在贫苦人中间，让他们从事着卑微的职业，使他们远离金钱、权力和荣誉，可是在某个有意义有价值的领域中却让他们脱颖而出。因此，我们要勇敢地冲出不幸的低谷，选择抗争，选择高峰。

霍兰德说：“在最黑的土地上生长着最娇艳的花朵，那些最伟岸挺拔的树林总是在最陡峭的岩石中扎根，昂首向天。”

在现实生活中，我们常看到这样的人，他们常因自己角色的卑微而否定自己的智慧，因自己地位的低下而放弃追求的梦想，有时甚至因被人歧视而消沉，因不被人赏识而苦恼。这是一个多么大的错误啊！其实造物主常把高贵的灵魂赋予饥寒的肉体，就像我们在日常生活中，总是把贵重的东西藏在家中最不起眼的地方一样。

幻灭是成长的开始，成长的路上不小心跌倒，但懂得选择坚强并勇敢地站起来，便能成就更好的自己；要是硬赖在地上，自艾自怜，只能注定继续哭泣。

修心箴言：

当我们选择看待事物的阴暗面时，我们就看不见光明的那一面；当我们选择悲观时，我们便乐观不起来。有太阳的时候，我们可以选择面向太阳，这样便不会令自己陷入阴影中；而当太阳移动时，我们也可以跟着移动，做个永远的向日葵！

8. 转换心境，日日是好日

“人间总是悲苦无情”，用这种心境来看待人生，那耳目所触尽是悲苦，结果就使人产生悲观思想，甚至造成厌世自杀之悲剧。这种葬送自己宝贵生命的人生观，无论对己对人都毫无意义。

那些从容走过一生的人，必定有着乐观的生活态度。日本的亲鸾和尚在《晚年书信》中写道：“一人独处而高兴时，有二人高兴；二人相处而高兴时，有三人高兴。其中一人，就是亲鸾。”亲鸾和尚规劝弟子：要常以与人同行、与人同享快乐的态度来生活。其实，这就是一种乐观之境，自己即使境遇不佳，却能因别人的快乐而快乐，这种人还能有什么不顺能撼动他呢？

人生原本多灾多难，我们必须征服这种苦难，绝对不可以抱着悲观主义思想。不过，世上的事物往往是对立而存在的，悲往往是从乐中而来，衰常常自盛中而生，这就是“乐极生悲”，“盛极则衰”，因此才有“苦是乐的种子，乐是苦的根苗”等说法。可见，一个人如果不及时彻底铲除苦恼的根苗，那得意之时一过，失意的悲哀就会立刻接踵而至。禅祖达摩大师认为，人生中所产生的种种烦恼，都是由妄念而来的，是因为“我”的出现造成的。因为烦恼之所以会产生，就是过于执着。大师曾说道：“为己者，横生计较，即会感到生老病死、忧悲苦恼、寒热风雨等一切不如意之事，这都是妄想之所现。圣人逢苦不忧，遇乐不喜，这是因为他们不见自己的缘故。不觉苦乐的人，是因为灭己之故。”

达摩大师的舌锋极为锐利，他说明了“忘己”的重要性，并道出了圣人不觉苦乐的真谛。在凡人而言，人生不可能一帆风顺，苦乐难免，为什么有人经常愁眉不展，而另外的人则经常笑口常开，欢欢乐乐？关键在于自己，在于自己的人生观，在于自己看待事物的方法，在于自己是否善于转换心境，在于自己是否想得开，看得淡。

“日日是好日”，我们应该抱着这样的想法，笑对人生百态。

大丈夫不论得不得志，皆能恬然处之。孟子说：“穷不失义，达不离道。穷不失义，故士得己焉；达不离道，故民不失望焉。古之人，得志，泽加于民；不得志，修身观于世。穷则独善其身，达则兼善天下。”在不得志的时候也不忘记义理，在得志的时候更不违背正道。孟子还认为君子是不受外界动摇的，只要不做欠缺仁德、违反礼义的事，则纵使有什么突然降临的祸患，也能够坦然以对，不以为祸患了。

孟子本人不仅能够坐而言，而且能够起而行。有一次，公孙丑问他：“倘若夫子做到齐国的卿相，得以推行王道政治，则齐国为霸诸侯、称王天下，也就不算什么稀奇事了。可是当您实际担负这项重职时，也能够做到毫不动心的境界吗？”

孟子回答：“是的，我四十岁以后就不动心了。”那么，如何才能达到这个境界呢？孟子列举了两个方法，即“吾知言”与“吾善养吾浩然之气”。

首先，所谓“知言”，是指能够理解别人所说的话，同时也能明确地判断。《孟子》中讲，“听到不妥当的话，就知道对方是被私念所蒙蔽；听到放荡的话，就知道对方心里有邪念；听到邪僻的话，就知道对方行事有违反正道的地方；听到闪烁不定的话，就知道对方已经滞碍难行了。”换言之，拥有这种明确的判断力，就不会被那些无关痛痒的小事所愚弄，更不会因而动摇自己的心意了。

第二，“浩然之气”。公孙丑问孟子，何谓浩然之气？孟子说：“难言也。其为气也，至大至刚；以直养而无害，则塞于天地之间。其为气也，配义与道，无是，馁也。是集义所生者，非义袭而取之也。行有不慊于心，则馁矣。”这段话的大意是，这种气极其广大、刚健，若能对自己所行的正道抱着相当的自信，以这种方法来培养它，就能充塞于天地之间。但它只是配合着道与义而存在的，若缺乏道与义，则浩然之气也就荡然无存了。只有在反复实行道与义时，才能够自然而然地获得，如果仅是偶一为之，就不可能获得。总之，首先要对自己所从事的合乎正道之事抱着坚定的信念，然后才能产生“浩然之气”。

在《论语》中有“孔子绝食于陈”的故事。孔子带着弟子们周游列国时，在陈卷入政治纠纷中，连吃的东西都没有，连续几天动弹不得。最后，弟子子路忍不住大叫：“君子也会遇到这种悲惨的境遇吗？”孔子对于子路的不满视而不见，只是淡淡地回答：“人的一生都会有好与坏的境遇，最重要的是处在逆境时如何去排遣它。”

荀子根据这段故事指出：“遇不遇者时也。”任何人的一生总会有不遇的时期，无论从事什么工作，都会有和预期相反的结果。长此以往，任何人都不免产生悲观情绪。然而，人生并不仅只有这种不遇的时候，当云散日出时，前途自然光明无量。所以，凡事必须耐心地等待时机的来临，不必惊慌失措。相反，在境遇顺利的时候，无论做什么事都会成功；可是总有一天，不遇的时刻会悄然来临，因此，即使在春风得意之时也不要得意忘形，应该谨慎小心。

身处顺境而不骄矜，身处逆境而不颓唐，这才是聪明人所应采取的生活态度。

修心箴言：

人生不可能一帆风顺，苦乐难免，为什么有人经常愁眉不展，而另外的人则经常笑口常开，欢欢乐乐？关键在于自己，在于自己的人生观，在于自己看待事物的方法，在于自己是否善于转换心境，在于自己是否想得开，看得淡。

9. 忏悔能减轻人心灵上的痛苦

心灵上的痛苦大多是由于人们内在对自己的不满意或是对自己所犯下错误的一种自责造成的。如何减轻心灵上的痛苦，让自己的情绪不受干扰呢？忏悔是一个行之有效的方法。

其实，人活于世，谁都难免有这样或那样的缺点和错误，谁都难免有丑陋的一面，就连爱因斯坦都宣称，他的错误占90%，那么我们普通人身上的错误那就更不用说了。

法国著名作家罗曼·罗兰说："在你要战胜外来的敌人之前，先得战胜你内在的敌人；你不必害怕沉沦与堕落，只请你能不断地自拔与更新。"古今中外许多伟人和智者，就是通过忏悔来战胜自己内在的敌人，打扫自己灵魂深处的污垢尘埃，减轻精神痛苦，净化自己的精神境界的。

18世纪法国伟大的思想家、文学家卢梭，他在少年时，曾经将自己极不光彩的盗窃行为转嫁在一个女仆的身上，致使这位无辜的少女蒙冤受屈，并被主人解雇。后来这件"卑鄙龌龊"的行为，使他深深陷入痛苦的回忆中，他说："在我苦恼得睡不着的时候，便看到这个可怜的姑娘前来谴责我的罪行，好像这个罪行是昨天才犯的。"卢梭在他的名著《忏悔录》中，对自己作了严肃而深刻的批判。他敢把这"难以启齿"而抱恨终生的丑事告诉世人，显示了他勇于忏悔的坦荡胸怀和不同凡响的伟大人格。

革命老前辈谢觉哉，一贯严于律己，对自己的过失毫不留情。他把忏

修心

悔自己生动地比作“三当”。自己干了错事，自己就跟自己打官司，即自己当“被告”，自己当“律师”，自己当“法官”，为的是让自己的良心受到审判。鲁迅先生说：“我的确时时解剖别人，然而更多的是无情面地解剖我自己。”他每天都要给自己安排一段“冥想”的时间，来自觉地反省自己。这种解剖和反省，本身也就是一种忏悔。而这种忏悔将帮助自己认识错误，改正错误，避免再犯类似的错误。如此循环，我们就会因为少犯错误或者能够正确地对待错误，而使自己少陷入一些令人慌乱的境地。

黎巴嫩著名诗人、画家纪伯伦对自己的人生不断地进行彻底的审视，对自己的一言一行经常进行反思。他说，我曾七次鄙视自己的灵魂：

当她为了猎取荣誉而佯装谦让的时候；

当她回避真诚的时候；

当她在艰苦和轻松之间选择后者的时候；

当她做了错事还说别人也这么做的时候；

当她逆来顺受却硬说自己坚强的时候；

当她轻蔑本来就是她许多面具之一的那张丑脸的时候；

当她唱着赞歌，并认为这就是美德的时候。

纪伯伦对自己毫不留情的解剖，不但使精神受到提升，还使生命得到了升华。他对自己解剖的结果，没有损坏他的形象，反而使他成为黎巴嫩历史上最受人尊敬的人物之一。

学会忏悔，还有利于身心健康。一个人干了无法弥补的错事，良心会遭受道德的无情谴责，心灵会受到法理的严厉拷问，以致寝食难安，容颜憔悴。内心产生的种种苦痛，是一种比疾病更为痛苦的折磨，它会给人带来许多疾病和不幸。如果善于忏悔自己，不但可以拂拭思想上的尘埃，还可以减轻心灵上的苦痛。

说到忏悔，人们就自然联想到宗教来，今天人类已进入高科技高信息发展的新时代，宗教为什么仍有那么大的诱惑力？这与净化人的心灵有关。宗教虽然以神为中心，但重视引导信教者自觉地忏悔自己，就是对生命的一种积极拯救。许多大科学家如哥白尼、牛顿、爱因斯坦，他们热爱科学，同时也重视自己心灵的净化，这就是为什么他们虔信宗教的原因。

忏悔是知错后的幡然悔改，是良知的复苏，是生命的升华。一个人有了错误，包括那些见不得人的丑事，不要护短，不要掩掩藏藏，不要怕丢失面子，也不要怕失威信，要像卢梭那样勇于忏悔，像鲁迅、纪伯伦那样无情地解剖自己，这样就能打开人生的睿智之门，进入人生的更高境界。

修心箴言：

一个人干了无法弥补的错事，良心会遭受道德的无情谴责，心灵会受到法理的严厉拷问，以致寝食难安，容颜憔悴。内心产生的种种苦痛，是一种比疾病更为痛苦的折磨，它会给人带来许多疾病和不幸。如果善于忏悔自己，不但可以拂拭思想上的尘埃，还可以减轻心灵上的苦痛。

卷二
仁爱善良，修一颗慈悲心

慈爱众生并给予快乐，同感其苦，怜悯众生，这就是善念。善念是人性中最珍贵的东西，我们把慈悲、善念、爱心传递给他人，再让他人去感染更多的人，这个世界才会变得越来越好，仅仅把美好停驻在自己的心里头，那是远远不够的，一定要有行动，这样才能真实地改变自己，改变这个环境，改变这个世界。

1. 在帮助和给予中享受快乐

人生最快乐的事情就是伸出热情而温暖的双手，尽自己所能去帮助身边的每一个人。有句话说“送人玫瑰，手有余香”，助人乃是快乐之本。

一连好几年，小个子守墓人每星期都收到一个不相识的妇人的来信，信里附着钞票，要他每周给他儿子的墓地放一束鲜花。

后来，有一天，一辆小车开来停在公墓大门口，司机匆匆来到守墓人的小屋，说：“夫人在门口的车上，她病得走不动了，请你去看一下。”

一位上了年纪的孱弱的妇人坐在车上，表情有几分高贵，但眼神已哀伤得毫无光彩。她怀抱着一大束鲜花。

“我就是亚当夫人。”她说，“这几年我每礼拜都给你寄钱买花。”

“我一次也没忘了放花，夫人。”

“今天我亲自来。”亚当夫人温和地说，“因为医生说我活不了几个礼拜了。死了倒好，活着也没意思了。我只是想再看一眼我的儿子，我想亲手来放这些花。”

小个子守墓人眨巴着眼睛，没了主意。他苦笑了一下，决定再讲几句。

“我说，夫人，这几年您老是寄钱来买花，我总觉得可惜。鲜花搁在那儿，无人闻，无人看，太可惜了！”

“你真这么想？”

“是的，夫人，您别见怪。我是想起来自己常跑医院、孤儿院，那儿的人爱看花也爱闻花。那儿都是活人，可这墓里哪个活着？”

老妇人没有作答。她只是又小坐了一会儿，默默祷告了一阵，没留话便走了。守墓人后悔自己的一番话太率直，这会使她受不了的。几个月后，这位老妇人又忽然来访，守墓人惊得目瞪口呆，这回她是自己开车来的。

“我把花都送给那儿的人们了，”她友好地向守墓人微笑着，“你说得对，他们看到花可高兴了！我病好了，医生不明白是怎么回事，可我自己明白，我觉得活着还有些用处！”

人生的活法多种多样，只有自己活着还对别人有些用处的活法，才有人生的价值，才活得最精彩。帮助别人不仅利人，也提升了自己生命的价值。

罗伯特·德·温森多是阿根廷著名的高尔夫球手。他为人宽宏大量，乐于助人。

在一次锦标赛中，温森多获胜了，因此他赢得了一笔不菲的报酬。当他微笑着从记者招待会走出来时，一位年轻的女子向温森多走了过来。她首先向他表示祝贺，然后就声泪俱下地哭泣她可怜的孩子得了重病，也许会死掉，而她却不知道如何才能支付昂贵的医药费和住院费。

温森多被她的讲述感动了。他毫不犹豫地把这笔刚刚赢得的巨款送给了那个女子，说：“祝可怜的孩子早点康复。”

一个星期过去了，当温森多正在一家乡村俱乐部进餐时，一位高尔夫协会官员向他走过来，问他上周是不是遇到一位自称孩子病得很重的年轻女子。

温森多点了点头，说有这么一回事，又问：“怎么了？”

“是一位知情的人告诉我的，对你来说是个坏消息，”官员说，“那个女子是个骗子，她根本就没有什么病得很重的孩子，她甚至还没有结婚！你让人给骗了！”

“你是说，根本没有一个小孩病得快死掉了？”

“是的，根本没有。”官员答道。

温森多长舒了一口气，然后说：“这真是我一个星期以来听到的最好的消息。”

当知道自己被骗时，尤其是一颗善良无辜的心，遇人侮辱时，你会采取什么态度呢？是否常常大发雷霆，恨得咬牙切齿，然后愤愤不平地诅咒那个人？

真正豁达睿智的人并不会对此耿耿于怀，因为他们内心平和，懂得慈悲。只要别人少一分痛苦，多一分快乐，他们就不会计较个人得失。这样的人，总是在帮助和给予的过程中享受着快乐。

修心箴言：

人生最快乐的事情就是伸出热情而温暖的双手，尽自己所能去帮助身边的每一个人。有句话说“送人玫瑰，手有余香”，助人乃是快乐之本。

2. 仁慈善良是获得幸福的最佳途径

很多时候，仁慈善良是获得幸福的最佳途径，因为当你心怀一颗仁爱之心去对人对事时，首先自己的心就会得到安宁和快乐。古代宋景公能够长寿也是因为拥有仁爱之心。

宋景公时，荧惑缠住心星，他召来懂星象的子韦，问他是什么原因。子韦说："荧惑，这是天表示惩罚的征兆，心星，是我们宋国的分野。可能有大祸要降临到您的头上。不过，可以将大祸转移到宰相身上去。"宋景公说："宰相是我的左右臂，怎么能为了消除我的灾祸而让我的左右臂受祸呢？"子韦说："可以转移到百姓身上。"宋景公说："君主应该爱民。"子韦说："可以转移到年成上。"宋景公说："年成不好，老百姓挨饿，我这君王是做给谁的？我的性命该结束，就让它结束吧。"子韦说："天虽然很高远，但对人间的一切都知道得很清楚。您有仁爱之心的语言三句，上天一定会赏赐您三次。今晚上心星就会移开，您的寿命可延长二十一年。"

古人认为拥有一颗仁慈善良之心，福寿也会倍增。对我们来说，与人为善是一种和谐的处世态度，是对他人的一种无形的相助，是一种博大的宽广情怀。与人为善者心胸豁达，宽宏大量，仁慈宽厚，谦虚忍让，为此，他们会得到更多的快乐和真情。

对于做善事的人来说，无须奖赏，因为他们每天都生活在快乐之中。

有一位朋友，他是一个出租车司机，他的妻子在一家毛纺厂工作。两个人都是老实巴交的小职员。

两年前，他妻子所在的那家工厂倒闭，因此失去了工作，而他也不巧出了点车祸，虽无大碍，但也丢掉了工作。两个人的生活一时陷入了困境。

好在夫妇俩平时待人不错，在街坊邻居中极有人缘，失业不久，便在朋友、亲属以及街坊邻居们的帮助下，在小城新兴的一个服装市场里开起了一家小吃店。

小吃店刚开张时，生意冷清，全靠朋友和街坊照顾，但不出三个月，夫妇俩便以待人热情、收费公道而赢得了大批的“回头客”。小吃店的生意，也一天天地好起来。而几乎每天吃饭的时间，小城里行乞的三个大小乞丐，都会准时到他们的小吃店来行乞，而朋友也总是给他们每人两个馒头和一些稀粥。

说实在话，从未见过小城里其他店主，能够像这夫妇俩一样和善地对待这些乞丐的。其他店主，一见到乞丐上门，就会拉下脸来严厉地呵斥辱骂，而这夫妇俩则每次都会笑呵呵地对待这些穿着肮脏的乞丐。而且夫妇俩施舍给乞丐们的饭菜，都是从厨房里盛来的新鲜饭菜，并不是那些顾客吃剩的残汤剩饭。

夫妇俩在施舍乞丐的时候，毫无做作之态。他们的表情是那样的自然，他们的神态是那样的镇定，好像是在做一件原本就是分内的、自然而然的事情。有禅语说“善心如水”，一定就是他们夫妇俩这个样子。

大约半年前的一天深夜，一家从事服装批发生意的老板，因为沉迷于麻将而忘了将烧水的炉火熄灭，结果引发了一场大火，由于整个市场都是些丝绸化纤、棉麻制品一类的易燃物品，火借风势，眨眼的工夫，整个市场便成了一片火海。

这一天，恰巧男主人到外地购买一些物品，店里只留下女主人照看。

一无力气二无帮手的女主人眼看着辛苦张罗起来的小吃店就要被熊熊大火所吞没，着急万分。

就在这时，只见那三个平常天天上门乞讨的乞丐，不知从哪里钻了出来，在老乞丐的率领下，冒着生命危险将屋里那些笨重的各种器具一一搬运到了安全地段。紧接着，他们又冲进马上要被大火包围的店内，将那些易燃物品也全都搬了出来。

消防车很快开来了，小吃店由于抢救及时，虽然也遭受了一点小小的损失，但大部分东西都给保住了。而周围的大多数店铺，却由于得不到及时的抢救，受到了重大的损失，甚至成了一片废墟。

夫妇俩都思谋着在今后的日子里，要更加真诚地对待那些上门乞讨的乞丐。但奇怪的是，这三个平时大白天上门行乞的乞丐，自小吃店恢复营业的那天起，就再没有见到过他们的踪影，好像一下子从小城里消失了。

后来，有小城的人到了临市去出差，无意间发现了这一群乞丐，不过他们已经不再行乞，而是改为捡垃圾为生了。再后来夫妇俩为感激这群乞丐的帮助，曾专程去探望，老乞丐满眼热泪地对夫妇俩说："在小城乞讨的日子里，从来没有人把我们当人看待，只有你们夫妇俩把我们当人，是你们夫妇俩的尊重，使我们又重新恢复了自尊和自信。我们之所以要离开小城，是因为我们想开始一种新的生活。尽管我们目前仅能靠捡垃圾为生，但我们感到快乐和幸福。"

生活是变化莫测的，谁也不能肯定自己会一辈子顺风顺水、平平安安。因此，我们有必要对处在逆境中的人表示自己的关心，并给予必要的帮助。如果漠视他人，在他人遭遇困难时袖手旁观，或是避而远之，就不会赢得人们的尊敬，那么，在你遇到难处时，也不一定有人帮助你，因为没有人喜欢和一个没有爱心的人打交道。

修心的人生幸福多——人生是场修行，你要学会修心

有一天，理查德和一个旅伴穿越高高的喜马拉雅山脉的某个山口，他们看到前面一个人慢慢地倒在雪地上。

理查德想停下来帮助那个人，但同伴却说："如果我们带上他这个累赘，就会送掉我们自己的命。"

但理查德不忍心丢下那个人，让他冻死在冰天雪地里。

跟旅伴告别后，理查德把那个人抱起来，放在自己背上。他使尽力气背着这个人往前走，渐渐地，理查德的体温使这个冻僵的身体温暖起来——那人竟然活了过来！

过了没多久，他们两个人并肩前进。当他们赶上那个旅伴时，却发现他已经死了——是冻死的！

在冰天雪地中，理查德心甘情愿地把自己的一切——包括生命——给予另外一个人，他保住了生命；而他那无情的旅伴想顾全自己，最后却丢了性命。

作家法狄曼说："如果世界上只有我一个人独处，便不能保全自己的生命，也不能发现自己的真正价值。我们只能用极抽象的方法去爱整个人类，但是我们至少可以不漠视他人。我们可以培养对他人的关心，常常用各种方法和他人产生联系。文明究竟是什么？当然是指人们努力要脱离原来冷淡的、漠不关心的孤立状态，而求改善，也是指一个人要与另外一个人取得联系。"

一个人也许会失去地位、财富和健康，但这一切并不是致命的。可是，有一样东西，少了它生活就会成为负担，那就是爱心。正如一位哲人所言："最好和最高贵的人是最富同情心的人，这样的人从来就不漠视他人，总是把爱心送给大家，因此人们也热心地对待他。"

当你把关爱给予他人或给他人以帮助时，往往也是帮助了自己。多一

份善心，多一份真情，多一些包容，多一些理解，包容让人们在生活中感受美好和幸福，善良让人们感受真情与乐观。

修心箴言：

与人为善是一种和谐的处世态度，是对他人的一种无形的相助，是一种博大的宽广情怀。与人为善者心胸豁达，宽宏大量，仁慈宽厚，谦虚忍让，为此，他们会得到更多的快乐和真情。

3. 随时发挥慈悲心肠，给人一份爱的力量

给予是快乐的源泉，为别人带来快乐的同时，我们自己也会处于快乐的包围之中。快乐是可以分享的，你给别人带来了快乐，你分给别人的东西越多，你获得的东西就会越多。你把幸福分给别人，你的幸福就会更多。但是，如果你把痛苦和不幸分给别人，那你得到的也只能是痛苦和不幸。生活中，你如果整天以愁眉苦脸待人，那别人也会以同样的面孔对你，你看到了更多的愁容；相反，如果你以笑脸迎人，你会看到更多的笑脸，你的快乐心情就加倍了。

从前有个国王，非常疼爱他的儿子，总是想方设法满足儿子的一切要求。可即使这样，他的儿子却总是整天眉头紧锁，面带愁容。于是国王便悬赏找寻能给儿子带来快乐之能士。

有一天，一个大魔术师来到王宫，对国王说有办法让王子快乐。国王很高兴地对他说："如果你能让王子快乐，我可以答应你的一切要求。"

魔术师把王子带入一间密室中，用一种白色的东西在一张纸上写了些什么交给王子，让王子走入一间暗室，然后燃起蜡烛，注视着纸上的一切变化，快乐的处方会在纸上显现出来。

王子遵照魔术师的吩咐而行，当他燃起蜡烛后，在烛光的映照下，他看见纸上那白色的字迹化作美丽的绿色字体："每天为别人做一件善事！"王子按照这一处方，每天做一件好事，当他看见别人微笑着向他道谢时，他开心极了。很快，他就成了全国最快乐的人。

为别人做好事不是一种责任，而是一种快乐，因为这能增加你自己的健康和快乐。帮助别人会带给你更大的快乐和更多的满足。纽约心理治疗中心的负责人亨利·林克说：“现代心理学上最重要的发现就是：必须要有自我牺牲精神或自我约束能力，才能达到自我了解与快乐。”这句话说明了一个通俗而又浅显的道理：你为别人着想，别人也会为你着想，这是一种简单而快乐的“回报效应”。

如果老想着自己，顾影自怜，孤芳自赏，结果就是你走不进别人的心里，别人也走不进你的世界。只要尝试一下忘掉自己，帮助别人，一切都会改变。善良是改变我们心灵的开端，世界会随着我们的善良而发生变化。

快乐具有一定的传染性，让他人快乐了自己也就变得快乐起来了。一个人在给予的同时也在接受，为帮助他人而付出我们的爱，能克服我们心中的忧虑、悲伤以及自怜，使自己焕然一新。因为当我们试着使别人高兴时，就具有了一种忘我精神，我们就会沉浸在自我幻觉之中，否则忧虑和恐惧就会纷至沓来，也就容易患上忧郁症。

快乐和幸福不是靠外来的物质和虚荣得来的，而是要靠自己内心的高贵与善良才能得到。帮助别人不仅利人，而且也提升了自己生命的价值。如果人们能够主动去帮助他人，那世界将变得多么和谐美好。当然，我们每个人也都会得到别人的帮助。

一天，一个贫穷的小男孩为了攒够学费正挨家挨户地推销商品，劳累了一天的他，此时感到十分饥饿，但搜遍全身，却只有一角钱。怎么办呢？他决定向下一户人家讨口饭吃，当一位美丽的年轻女孩打开房门的时候，这个小男孩却有点不知所措了，他没有要饭，只乞求给他一口水喝。这位女孩看到他很饥饿的样子，就拿了一大杯牛奶给他。男孩慢慢地喝完牛奶，问道："我应该付多少钱？"年轻女孩回答道："一分钱也不用付。妈妈教导我，施以爱心，不图回报。"男孩说："那么，就请接受我由衷的感谢吧！"说完男孩离开了这户人家。

此时，他不仅感到自己浑身是劲儿，而且还看到上帝正朝他点头微笑，那种男子汉的豪气像山洪一样迸发出来。其实，男孩本来是打算退学的。

数年之后，那位年轻女孩得了一种罕见的重病，当地的医生对此束手无策。最后，她被转到大城市医治，由专家会诊治疗。当年的那个小男孩如今已是大名鼎鼎的霍华德·凯利医生了，他也参与了医治方案的制订。当看到病历上所写的病人的住址时，一个奇怪的念头闪过他的脑际，他马上起身直奔病房。

来到病房，凯利医生一眼就认出床上躺着的病人就是那位曾帮助过他的恩人。他回到自己的办公室，决心一定要竭尽所能来治好恩人的病。从那天起，他就特别地关照这个病人。经过艰辛努力，手术成功了。凯利医生要求把医药费通知单送到他那里，在通知单的旁边，他签了字。

当医药费通知单送到这位特殊的病人手中时，一开始她不敢看，因为她确信，治病的费用将会花去她的全部家当。最后，她还是鼓起勇气，翻开了医药费通知单，旁边的那行小字引起了她的注意，她不禁轻声读了出来："医药费——一杯牛奶。霍华德·凯利医生。"

爱是一盏灯，照亮别人，也温暖自己。捧着一颗爱心上路的人，一生也都将生活在爱里。爱是一种非常美好的人生情感，像花，开出来，美丽自己，也带给别人一片芬芳，所以我们不要把爱藏在心底。

乔治是华盛顿一家保险公司的营销员，有一次他为女友买花，认识了一家花店的老板——本——也只是认识，他总共只在本的花店里买过两回花。

后来，他因为为客户理赔一笔保险费，被莫名其妙地控以诈骗罪投入监狱，他要坐十年的牢。闻此消息，女友离开了他。十年对乔治来说太漫长了，过惯了热烈、激情的生活，他不知道自己该如何打发漫长的、没有爱也看不到光明的牢狱生活，他对自己一点信心也没有。在监狱里过了郁闷的第一个月后，他几乎要疯了，这时，有人来看他。

在华盛顿他没有一个亲人，他想不出有谁还记着他。在会见室里，他不由得怔住了，原来是花店的老板。本给他带来一束花。虽然只是一束花，却给乔治的牢狱生活带来了生机，也使他看到了人生的希望。他在监狱里开始大量地读书，钻研电子科学。

六年后，他获释了，他先在一家电脑公司做雇员，不久自己开了一家软件公司，两年后，他身价过亿。成为富豪的乔治，去看望本，却得知本已于两年前破产了，一家人贫困潦倒，举家迁到了乡下。乔治把本一家接回来，给他买了一套楼房，又在公司里为本留了一个位置。

乔治说，是你当年的一束花，使我留恋人世的爱和温暖，给予了我战胜厄运的勇气。无论我为你做什么，都不能回报当年你对我的帮助。我想以你的名义，捐一笔钱给慈善机构，让天下所有不幸的人都感受到你博大的爱心。后来，乔治果然捐了一大笔钱出来，成立了“华盛顿·本陌生人爱心基金会”。

奉献爱心去爱每一个人，这其实并不是一件难事，一句话、一个微笑、一束花就够了，随时发挥慈悲心肠，给他们一份爱的力量，你将在爱的付出中体验到人生最真的快乐。

有一回，日本歌舞大师勘弥扮演古代一位徒步旅行的百姓，正当他要上场时，一个门生提醒他：“师傅，您的草鞋带子松了。”他回答了一声：“谢谢你呀。”然后立刻蹲下，系紧了鞋带。

当他走到门生看不到的舞台入口处时，却又蹲下，把刚才系紧的鞋带又弄松了。显然他的目的是，以草鞋的带子都已松垮来表现这个百姓长途旅行的疲惫。演戏细腻到这样，这位大师确有其过人之处。话说回来，正巧那天有位记者到后台采访，看见了这一幕。等演完戏后，记者问勘弥：“你为什么不当时指教学生呢？他不懂演戏的真谛呀。”

勘弥回答说：“别人的亲切关爱与好意必须坦诚接受，要教导学生演戏的技能，机会多的是。在今天的场合，最重要的是要以感谢的心去接受别人的提醒，并给予回报。”

一个人不能总想着自己，应该体恤别人，很多时候对他人善意的、人性化的关怀，就等于给了自己一次奖赏，让自己的心灵充满施爱后的喜悦。做个心存感激的人，才能获得心灵的平静。

修心箴言：

快乐和幸福不是靠外来的物质和虚荣得来的，而是要靠自己内心的高贵与善良才能得到。帮助别人不仅利人，而且也提升了自己生命的价值。如果人们能够主动地去帮助他人，那世界将变得非常和谐美好。当然，我们每个人也都会得到别人的帮助。

4. 爱心是不以金钱的数量来衡量的

佛陀在一个国家传授道法，国王广设布施，供养佛与众比丘。城里有一位贫穷的老妇人，家中一无所有，平日里只能靠乞讨活命。她听说国王正在为佛与众比丘设会供养，心中很是高兴。她也想为佛与比丘们做点贡献，可是家中空无一物，只能无奈地叹息。

这时，老妇人忽然看到别人施舍给她的一点儿黄豆，心中一亮。她抓起这些黄豆，急忙赶到王宫，想进宫里把这点黄豆布施在佛的面前。可是，看门人看到这个衣衫褴褛的老妇人，捧着一点儿黄豆竟想进入王宫中供养佛陀，觉得很可笑，坚决不放她进去。

神通广大的佛陀在宫中察知这件事，他运用神力取走了老妇人手中的黄豆，将其遍施在国王摆出的各种食物之中。国王在每种食物中都吃到了黄豆，非常生气，便叫来厨师，准备治罪。

佛陀在旁边阻道："大王，这并不是厨师的错，这些黄豆是宫外一个贫妇所布施的。"

国王听后很不高兴。佛陀便接着说："这位贫妇一片真善之心，虽是小小的一捧黄豆，也能协助国王施饭食。所以，饭中都有黄豆。"

国王不以为意，说："这点黄豆算什么？怎么能与我所布施的那些美味佳肴相比呢？"

佛陀说："贫妇所施的黄豆虽然很微薄，但将来所获得的福善却一定比大王更多。"

国王很是不解，于是请教佛陀："难道我这么丰厚的布施比不得贫妇手中一小捧黄豆的布施功德吗？"

佛陀向国王解释道："贫妇的布施虽少，但却是她尽其所有的布施；大王布施的虽多，却全都是来自于百姓，于自己毫无损失。所以说，贫妇的布施多，而大王的布施少，因此，贫妇所得的福报一定多于大王。"

国王听了这番话后深受启发，于是命人把贫妇请进宫中。

什么是最真诚的奉献？当我们听新闻中说，哪个企业因为哪里受灾捐款多少，哪个明星因为哪有灾情捐了多少，人们都唏嘘不已。都不禁感叹，有钱真好，可以救那么多人。自己就不行了，没做什么贡献。其实，普通人大可不必如此去想。关于奉献，我们必须要明白，它不在于你拿出多少，而在于，你拿出的这部分对于你的生活来说所占的比重有多大。所以同样的，人们经常说，看一个人对你好不好，不在于他能给你多少，而在于他是否把自己的所有毫无保留地献给你。

2007年2月16日，刚刚卸任的联合国秘书长安南，在得克萨斯州的一个庄园里举行了一场慈善晚宴。应邀参加晚宴的都是富商和社会名流。当一个叫露西的小女孩儿捧着她的全部储蓄来到庄园，要求进去参加慈善晚宴的时候，遇到了保安的阻止。小露西说："叔叔，慈善的不是钱，是心，对吗？"她的话让保安愣住了。这句话打动了正要进去的沃伦·巴菲特先生。他带小露西进了庄园。当天慈善晚宴的主角不是倡议者安南，不是捐出300万美元的巴菲特，而是仅仅捐出30美元零25美分的小露西。而晚宴的主题标语也变成了这样一句话："慈善的不是钱，是心。"

有一位叫白芳礼的老人，他不是什么大富豪，是一位生活犹如乞丐般的老人，但他却是一位热爱祖国报效祖国而捐赠的善者。在这位老人74岁以后的十几年生命中，靠着一脚一脚地蹬三轮，挣下了35万元人民币，他把这些钱全部捐给了天津的多所大学、中学和小学，资助了三百多名贫困学生完成学业。而他的个人生活几近乞丐，他的私有财产账单上是一个零。白芳礼老人曾说：“有人说我傻，辛辛苦苦挣来的钱都送给别人，自己却过这苦日子。我的是苦，挣来的每一块钱都不容易。可我心里是舒畅的。看到大学生们能从我做的这一点点小事上唤起一份报国心，我高兴啊！像我这样一大把年纪的人，又不识得字，没啥能耐可以为国家做贡献了，可我捐助的那些大学生不一样，他们有文化，懂科学，说不定以后出几个大人才，那对国家贡献多大！” “孩子不读书，国家怎么强大？”而白芳礼最后的遗言依然是对孩子们的叮嘱：“好……好……学……习……”

白芳礼老人是伟大的，他的捐赠或许没有某些明星、某些慈善家的多，但他一点也不比他们逊色，他的灵魂甚至比那些有钱的捐赠者更加高尚。

爱心不分贫富，爱心是不以金钱的数量来衡量的。奉献爱心，尽自己所能，就是伟大的。善良的心是不分高低贵贱的，只要怀有真诚的慈善，你的心灵就是高贵的。

修心箴言：

奉献不在于你拿出多少，而在于，你拿出的这部分对于你的生活来说所占的比重有多大。所以同样的，人们经常说，看一个人对你好不好，不在于他能给你多少，而在于他是否把自己的所有毫无保留地献给你。

5. 生命中有了爱心，人生才能充满喜悦

人世间最宝贵的是什么？那就是一颗爱心。善良的人总是处处把爱心奉献出来，造福他人。拥有一颗爱心，行善不求回报，你可能会得到意料之外的回馈。

这是发生在英国的一个真实故事。

有位孤独的老人，无儿无女，又体弱多病。他决定搬到养老院去。老人宣布出售他漂亮的住宅。购买者闻讯蜂拥而至。住宅底价八万英镑，但人们很快就将它炒到了十万英镑。价钱还在不断攀升。老人深陷在沙发里，满目忧郁，是的，要不是健康情况不好，他是不会卖掉这栋陪他度过大半生的住宅的。

一个衣着朴素的青年来到老人眼前，弯下腰，低声说："先生，我也好想买这栋住宅，可我只有一万英镑。可是，如果您把住宅卖给我，我保证会让您依旧生活在这里，和我一起喝茶、读报、散步，天天都快快乐乐的。相信我，我会用整颗心来照顾您！"老人颔首微笑，把住宅以一万英镑的价钱卖给了他。

正因为这个青年有一颗爱心，能够包容这个可怜的老人，才能用这么少的钱买下这座住宅。因为老人知道，一颗金子般的爱心是多少钱也买不到的。

完成梦想，不一定非得要冷酷地厮杀和欺诈，有时，只要你拥有一颗

爱人之心就可以了。

一个刮着北风的寒冷夜晚，路边一家简陋的旅店来一对上了年纪的客人，不幸的是，这家小旅店早就客满了。

“这已是我们寻找的第16家旅社了，这鬼天气，到处客满，我们怎么办呢？”这对老夫妻望着店外阴冷的夜晚发愁。

店里的小伙计不忍心这对老年客人受冻，便建议说：“如果你们不嫌弃的话，今晚就住在我的床铺上吧，我自己打烊时在店堂打个地铺。”

老年夫妻非常感激，第二天照住店价格要付客房费，小伙计坚决拒绝了。临走时，老年夫妻开玩笑似的说：“你经营旅店的才能真够得上当一家五星级酒店的总经理。”

“那敢情好！起码收入多些，可以养活我的老母亲。”小伙计随口应和道，哈哈一笑。

没想到两年后的一天，小伙计收到一封寄自纽约的来信，信中夹有一张来回纽约的双程机票，信中邀请他去拜访当年那对睡他床铺的老夫妻。

小伙计来到繁华的大都市纽约，老年夫妻把小伙计引到第5大街和34街交会处，指着那儿的一幢摩天大楼说：“这是一座专门为你兴建的五星级酒店，现在我们正式邀请你来当总经理。”

年轻的小伙计因为一次举手之劳的助人行为，美梦成真。这就是著名的奥斯多利亚大饭店经理乔治·波非特和他的恩人威廉先生一家的真实故事。

正因为生命中有了爱心，人生才能充满喜悦，拥有爱心就拥有了幸福。善良是生命中的黄金，是人性中最宝贵的财富，拥有爱心，就拥有了希望和美好。

修心箴言：

人世间最宝贵的是什么？那就是一颗爱心。善良的人总是处处把爱心奉献出来，造福他人。拥有一颗爱心，行善不求回报，你可能会得到意料之外的回馈。

修心

6. 有大慈悲的人，看的是心中大世界

钦山和尚与雪峰禅师一起前往江西洞山，停下来歇息的时候，雪峰脱下鞋，发现又磨破了两处衬底，不觉惋惜地说道："您挺着点，咱们还要走三个月才能到江西洞山呢！"

钦山见雪峰对着一双鞋子自言自语，忍不住笑了，说道："对一双鞋子也这样礼拜，真是有佛心啊！"

雪峰说道："懂得珍惜的人，才能领悟生命的奥秘！"正说着，钦山突然叫喊起来："看！河里漂下来一片菜叶！河流上游肯定有人家，我们到那里去渡人吧？"

雪峰说："这么好的菜叶居然丢掉，实在是太可惜了，这样不知道珍惜的人太不值得我们去渡了，还是到别的地方去吧！"

然后伸手把菜叶捞了起来。两个人正要起身离去的时候，突然看见一个人顺着河水飞跑下来，大声地喊道："喂！喂！和尚，你们有没有看见一片菜叶从上游漂下来？那是我刚才洗菜时不小心被水冲走的，要是找不回来就太可惜了，多好的一片菜叶呀！"

雪峰把菜叶从兜里拿出来，那个人高兴得笑了："好哇！终于找回来了！"

不知道珍惜生活中的一点一滴，怎么能够认清生命的本来面目呢？二人互相望了一眼，不约而同地向上游走去……

能够爱惜一片菜叶，这是心怀悲悯的人。有佛性的人，万物在他的眼中都是有性情的，都是值得关爱的。

有位僧人在参访途中，来到一位老妇人管理的庵堂前小憩。

僧人问老妇人："师姑！这座庵堂除您以外，还有其他亲人吗？"

"有啊！"老妇人回答。

僧人又问："可是我怎么没有看到啊？"

老妇人回答："哦！山河、大地、花、树木都是我的亲人啊！"

僧人疑惑："无情不是有情，那些山河草木怎么是师姑您的样子啊？"

老妇人反问说："那你看我是什么样子啊？"

僧人干脆说："您是一个世俗之人而已！"

老妇人不高兴地说："我看你也不是出家人！"

僧人忙说："师姑啊！你可不能混淆佛法呀！"

"我并没有混淆佛法啊！"老妇人说。

僧人反问说："俗人主持庵堂，草木都成了道友，你这不是在混淆佛法还是什么呢？"

老妇人说："禅师！你不可以那样说，要知道你是男人，我是女人，什么时候混淆了？"

老妇人的佛性比僧人要高出许多，宇宙万事实为一体，怎有分别？能够爱惜一草一木，能将它们看成有情之物，看成道友，这样的心怀才是真的慈悲心。

有大慈悲的人，看的是心中大世界，不是眼中小世界。所行之善不只是助人方便的小善，更有关系民生的大善。他们热爱和平，善待生命，崇尚自然，珍视万物，保护环境，维护生态平衡。热爱和平，善待生命，不仅指人类之间要消除仇恨和战争，而且包括消除人类与自然万物之间的仇恨和战争。

作为生活在当下的我们，每一个人都有责任为我们生存的环境做出贡献，从自己做起，从影响身边人做起，努力让天空保持蓝色，让田野保持绿色，让空气保持清新。心怀这样的目标，才真的是慈悲之人。

卷二

仁爱善良，修一颗慈悲心

修心箴言：

有大慈悲的人，看的是心中大世界，不是眼中小世界。所行之善不只是助人方便的小善，更有关系民生的大善。他们热爱和平，善待生命，崇尚自然，珍视万物，保护环境，维护生态平衡。热爱和平，善待生命，不仅指人类之间要消除仇恨和战争，而且包括消除人类与自然万物之间的仇恨和战争。

卷三
不轻不慢，修一颗谦卑心

我们必须清楚这样一个事实，不管你拥有什么，拥有多久，早晚有一天，你所拥有的都会离开你。所以说，拥有只是一瞬，为这一瞬而骄傲自满，失去别人的尊重，是非常不值得的。人誉我谦，又增一美；自夸自败，还增一毁。豁达而谦逊的人最受人喜欢；而盛气凌人，瞧不起别人的人常会引来反感。由此可见，谦卑是多么重要。

1. 人们所乐意接受和尊敬的是那些谦逊的人

“虚心使人进步，骄傲使人落后。”毛泽东这句话虽然质朴，但却是一个颠扑不破的真理。谦虚是一种美德，它足以使一个人具有特殊的魅力。

一个谦虚的人，他的周围总是聚集着许多朋友，他总是能赢得人们的尊重和爱戴。

古今中外的历史上那些成就大业者，除去自身的能力外，无不是虚心向书本、向别人学习的典范。

三人同行，必有我师。它告诫人们要谦虚谨慎，不要自以为是，好为人师，要有甘当小学生的精神。正像俗话所说：“愚者千虑，必有一得；智者千虑，必有一失。”

虚心就有容，有容就能接纳，接纳之后还会生长，还会变化，“学而始知不足”，器量不断增加，成就也不断增大。

著名艺术家梅兰芳是中国戏曲艺术的伟大代表，他的艺术高雅脱俗，有独特的气质韵味，人们用“大气、大度、大方”来形容“梅派”艺术。

梅兰芳是一位谦虚有德的艺术家，他就是靠着虚心好学，一点一滴地积累文化底蕴，才成为中国戏曲界的大师。

梅兰芳广拜名师，向秦稚芬、胡二庚学花旦戏，向陈德霖学习昆曲旦角，向乔蕙兰、李寿山、陈嘉梁、孟崇如、屠星之、谢昆泉等人学习昆曲，向茹莱卿学习武功，向路三宝学习刀马旦，向钱金福学小生戏，也曾受教于王瑶卿。在与这些技艺非凡的名演员合作之中，广泛汲取中国戏曲艺术的精华，在很多传统剧目的演出中，他都虚心听取意见，以新鲜的理解去填补艺术空白，使旧戏焕发出新的艺术精神。

梅兰芳除了能虚心向同行学习，听取同行的意见，还认真采纳广大观众的意见。

有一次，梅兰芳在一家大戏院演出京剧《坐楼杀惜》，演到精彩处，场内喝彩声不绝。这时，从戏院里传来一位老人平静的喊声：“不好！不好！”梅兰芳循声望去，见是一位衣着朴素的老人。于是，戏一落幕，梅兰芳就用专车把这位老先生接到自己的住处，待如上宾。

梅兰芳恭恭敬敬地说：“说我孬者，吾师也。先生言我不好，必有高见，定请赐教，学生决心亡羊补牢。”老者见梅兰芳如此谦恭有礼，便认真指出：“惜姣上楼与下楼之步，按‘梨园’规定，应是上七下八，博士为何八上八下？”梅兰芳一听，恍然大悟，深感自己疏漏，低头便拜，称谢不止。以后每每演出，必请老者观看指正。

梅兰芳的谦虚大度，不仅使自己的艺术造诣更进了一步，也使自己的德行操守胜人一筹，受人敬重。

虚心的人能够在人生路上一路向前，在事业上勇攀高峰，在知识的海洋里获取真经，因为虚心的人能够做到知之为知之，不知为不知。因为虚心，山不辞石成其高；因为虚心，才能有容，有容方成大器。

在当今信息大爆炸时代，知识更新周期越来越短，学科分支越来越细，谁也不可能是个“万事通”，谁也不能保证自己所学的知识一辈子够用，这就更需要我们不耻下问，克服刚愎自用、自以为是的毛病。

美国南北战争时期南方联盟的战将杰克逊就是一个谦逊的人，还是在西点军官学校时，他便以谦逊著称。

例如，名叫“石城”的战役，本来是他指挥的，但他却一再坚持说，功劳应属于全体官兵，而不属于他自己。还有一例就是，在墨西哥战斗中，总司令斯哥托对他的指挥能力给予了极高的评价，而杰克逊从未向任何人提起过这事。

不过，杰克逊并不是视功名如粪土。在墨西哥战争开始时从他给他姐姐的一封信中便可以看出，他充满了树立声誉、博得大众瞩目的计划，因为那个时候他只不过是一个空有其名的副官。

在后来的事业进程中，这位勇敢、谦逊而聪明过人的人，巧妙地运用了向上进取的每一计划，使斯哥托将军对他大有好感，在他的手下，杰克逊又得到了不断的提拔。

这些人所不愿声张的，只是那些一定会为人所知道的事情。而当他们至关重要的功绩被人们忽略时，他们也会立即采取必要的行动来标识自己的——只是这是一种实事求是的标识罢了。

所以，只有目光短浅、胸无大志的人才会时时标榜自己做了什么，有时为了标识自己，甚至在大众面前掩饰自己的过失。像杰克逊、克里斯等伟大的人物则不同，他们都能超脱这种浅薄的虚荣。他们深知，人们所乐意接受和尊敬的是那些谦逊的人。

一个有功绩而又十分谦逊的人，他的身价定会倍增。

对于谦逊，我们还要指出一点的是：在这个现实的世界，好的道德与才能，如果没有人知道，并不就是很好的回报。这不仅是在欺骗自己，也是在欺骗别人，更是对自己功绩的诋毁。所以，过度的谦虚并不是一种可取的美德。谦逊与恰当时间的自我标识相结合，也是一个获得成功的途径之一。

卷三

不轻不慢，修一颗谦卑心

修心箴言：

虚心就有容，有容就能接纳，接纳之后还会生长，还会变化，“学而始知不足”，器量不断增加，成就也不断增大。

2. 一个人虚怀若谷，则能成大器

在现实生活中，每个人都会犯错，这个道理大家都知道。当别人犯了错误时，我们总是希望他们能够承认并且加以改正。可是一旦发生在自己身上，很多人就会犯嘀咕：难道要我承认自己错了？于是很多时候，人们不愿意承认自己犯了错误。这就造成了人与人之间的交往障碍，因为每个人都坚持自己是对的，而观点有时确实是对立的，于是留下了埋怨、不满和争执，甚至影响人际往来。他们不知道，有时候，谦卑一点，真诚地接受别人的意见，大胆承认自己的不足，反而会取得更大的成功。

一个人能够虚心求教，诚恳地接受别人的意见，就是不自满，只有自觉不满才能使心灵去容纳更多的事物。虚心不自满使自己的心灵处于一个时时能容物、容人的状态。一个人虚怀若谷，则能成大器。相反，一个人骄傲自满，那么失败就离他不远了。

“最大的失败，就是永不言败。”人们总是把犯错误看作是某种失败，不愿面对失败与不肯承认失败同样糟糕，其实，若能把失败当成人生必修的功课，我们会发现，大部分的失败都会给我们带来一些意想不到的好处。

没有人喜欢失败，因为失败大多是一些痛苦的经验，甚至让美丽的人生受到重创。不过，一生顺利未曾犯过错误，未尝过失败滋味的人，恐怕是少之又少。每个人或多或少都经历过失败，只是程度轻重的差别而已。

我们对于自己的主张或行为，常常喜欢抱着绝不改变的态度。当然，如果你的主张或行为确实是毫无错误的，你抱着这种态度，可说是有益无害。

但是世上千千万万的人中，有几个人敢担保他的主张或行为是毫无差错的呢？有几个人敢说他从来没有说错过一句话，或做错过一件事呢？

所以当你预备坚持任何事情时，最好先仔细想想你的坚持，是否因为你确有毫无瑕疵的理由？还是因为你只是在“保全面子”而已？如果你经过仔细思量后，发现自己确有后者的动机夹杂在内，那么请你赶快把你的坚持撤销，因为“保全面子”最易使人丧失理智，你的坚持既以它作为出发点，你所能获得的唯一结果，只能是给人一种尽情攻击的机会，而自己却成了一个毫无反抗能力的木偶。

美国罗斯福总统，他在1912年总统竞选演说时，在新泽西州的一个小镇的集会上，向一些乡下人发表了一篇演讲，当他在这篇演讲中说到女子也应当踊跃参加选举时，听众中忽然有人大声喊道：“先生！这句话和你五年前的意见不是大相径庭了吗？”罗斯福立刻很聪明地回答道：“可不是吗，五年前我确实另有一种主张的，现在我已深信我那时的主张是不对的了！”

他这简短的几句话，连“但是”“假使”等字眼都没有用，然而话中却充满了坦白、忠实、诚恳、亲切的意味，不但使那位问话的人获得了满意的答复，就是其他的听众们，也丝毫察觉不出他有过什么不安的情绪。

坦然承认自己的不足，毫无怨怒地接受别人的责问，这就是一种包容，一种掌控局面的睿智。

有许多上级对下属人员所下的命令，常常显得十分坚定，不可动摇。就管理下属而言，这确是一种极聪明的办法，因为有许多下属，往往只有一个简单的头脑，他们对于你的意见根本没有改善的能力，却常爱借改善的名目来取巧偷懒。你有了坚定的主张，他们便不敢再稍加变动了。

但是，这时的上级如果事后发现主张有了错误，仍应尽快设法将它更正。

纽约《太阳时报》主笔丹诺先生在读稿时常常喜欢把自己认为重要的几段用红笔勾出，以提醒排校人员“切勿将它遗漏”。但是有一天，一位年轻校对员偶然读到一段文字，也是被人用红笔勾出的，上面大致是说：“本报读者雷维特先生送给我们一个很大的苹果，在那通红美丽的皮上露出一排白色的字，仔细一看，原来是我们主笔的名字。这真是一个人工栽培的奇迹！试想，一个完整无缺的苹果的皮上，怎样会露出这样整齐光泽的字迹呢？我们在惊奇之余，多方猜测，始终不明白这些奇迹是怎样出现在苹果上的。”

那个年轻的校对员是一个常识丰富的人，他读了这段文字不禁好笑起来。因为他知道这些苹果皮上的字迹，只要趁苹果还呈青色时，用纸剪成字形贴在上面，等苹果发育红时将纸揭去即可，这根本是个小朋友的恶作剧而已。

所以，这位年轻的校对员心想，这段文字如果登了出来，必将被人讥笑，说他们的主笔竟会愚笨至此，连这样一点小“魔术”也会“多方猜测，始终不明……”因此，他便大胆地将这段文字删掉了。

第二天一早，主笔丹诺先生看了报纸，立刻气呼呼地走来，向他问道：“昨天原稿中有一篇我用红笔勾出的关于‘奇异苹果’的文章，为何不见登出？”

那位校对员诚惶诚恐地把他的理由说明后，丹诺先生立刻十分诚挚和蔼地说：“原来如此。你做得十分正确，以后只要有确切可靠的理由，即使我已用红笔勾出，你仍不妨自行取舍。”

在这件事上，丹诺先生充分显示了他并不是一味胡乱坚持己见的人，而是一个能够接受他人正确建议的大度之人。

虚心诚恳的人懂得人生无止境，知识无止境，事业无止境，因而才能做到知之为知之，不知为不知。海不辞水成其大，山不辞石成其高。虚心才能有容，有容方成大器。

修心箴言：

一个人能够虚心求教，诚恳地接受别人的意见，就是不自满，只有自觉不满才能使心灵去容纳更多的事物。虚心不自满使自己的心灵处于一个时时能容物、容人的状态。一个人虚怀若谷，则能成大器。相反，一个人骄傲自满，那么失败就离他不远了。

3. 谦卑的人能够拥有良好的人际关系

无论做人还是做事，都必须要懂得谦虚低调。这种力量和智慧使人们变得平和、坦荡、自信，使人们和谐相处，共同进步。

对许多女孩而言，办公楼是一个令人神往的地方，但当你置身于那个群体之中你会发现，在那些多姿多彩的女人背后充满了竞争。当你碰到机遇的同时也暗藏着危机，这就看你如何对待，如何选择。如果能够正确地看待得失，多一分理解和包容，保持一颗谦卑的心，那么获得人际关系的和谐与事业的成功就变得容易了。

小A从小学一直读到大学，一路上过关闯隘，就这么形成了争强好胜的个性。毕业后，被分到了一家公司工作，由于专业对口，工作又积极主动，于是很快就胜任了自己的工作。不料小A全心全意地卖力却给她带来了麻烦。那一次，公司布置了一项涉外谈判的项目，而这个项目的前期资料都是小A一手准备的，理应小A来接手。但因为这个项目有出国考察的名额，因此事情就复杂了。W是一位老高工，不久就要退休了，这次机会对她来说也许是最后一次，所以她几次去找领导，有意无意汇报一些小A工作中的不当；Z长得漂亮，又是外语学院的毕业生，当然也想抓到这次出国机会，于是逢人就说：一定要选派外语好的人去；还有L，本来就搭点儿边，她就四处散布，说资料是她准备的，而将小A说成只是她的助手云云。后来，终于还是W去参加这个项目了，小A想既已如此，还是很配合地交出了手头上的全部资料，并做了大量的背景介绍。

这件事后，小A和公司里的一些女同事的矛盾表面化了，于是产生了隔阂，见面也少言少语，遇事总要互相挑剔点什么。凭她以往的脾气，也许会因为自己无可挑剔而我行我素、傲然处之。但她想，毕竟自己还年轻，专业又对口，机会有的是。而那些女同事，由于自身条件都不是很优越，所以内心就不容易平衡，应该理解她们。

怀着这样谦卑的念头，脸上就有了笑容。见到W，她就请教一些学术上的问题，或者关心关心她那与自己同龄女儿的情况。L大小A十几岁，正好可问一些家务活儿中的技巧，比如洗羊毛衫的热水，不烫手是否正好。至于Z，由于和她年龄相仿，起初是讨论护肤妙方，后来在一起讨论工作方案，到现在已经是一对好搭档了。

气氛一融洽，工作上一些人为障碍也会冰消雪化，虽说还会有些小碰撞，但彼此已能包容。当初小A谦卑的笑容中还有几分尴尬，如今也变得自然、流畅。有一次在一起交谈，Z对小A的谦卑议论说：退一步海阔天空。可见，她和女同事们认识到现代社会日益激烈的竞争中，有一个谦卑、调和的内心，有利于正视各种挫折和打击。

一颗谦卑的心，能让你在生活和工作中保持平静的心态，游刃有余地处理任何矛盾。选择谦卑，就为良好的人际关系奠定了基础，而这正是快乐的源泉。

修心箴言：

一颗谦卑的心，能让你在生活和工作中保持平静的心态，游刃有余地处理任何矛盾。选择谦卑，就为良好的人际关系奠定了基础，而这正是快乐的源泉。

4. 尊重别人，以免惹人厌恶

人总是有自尊心的，总希望受到别人的尊重，总不希望别人一见面就提自己不愉快的事。因此，人人都不愿意人家触及到自己的憾事、缺点、隐私和使自己感到难堪的事，这也是一般人所共有的心理。因此在现实的交际生活中，一定要注意尊重别人，交谈时千万不要涉及别人所忌讳的问题，不然就会使人际关系恶化，导致交际的失误。在生活中这样的失误真是不少。

一位胖顾客到商店里买衣服，她对一件大花和横向条纹的上衣感兴趣，售货员劝道："这种大花带横条的衣服适合瘦人穿，你这么胖，再穿上这种衣服，那不难看死了。"售货员是一片好心，但她触及了顾客的忌讳，女顾客气得一句话都没说就走了。有一位从小双臂残疾的人，靠自己的努力练出用脚指头夹笔写字作画的本领，他的画被选送到国外展出。一位记者采访他时竟唐突地问："你是靠脚指头成名的，那么我问你，是脚有用还是手有用？"这一问使得那个画家十分恼怒，反问："维纳斯雕像是以断臂出名的，你说她是有胳膊美还是没胳膊美？"问得那记者瞠目结舌，采访也随之失败了。俗话说得好："矮子面前莫说矮"。别人有生理上的缺陷，或者家庭不幸，或者自己在为人处世方面有短处，心里已经是够痛苦的了，不能再雪上加霜了。碰上这些情况都应该加以避讳，不能"哪壶不开提哪壶"，不然伤害了别人不说，别人也不会轻易放过你的，到头来只能是两败俱伤而已。

自然，生活是复杂的，由于种种原因，有时说话还非要涉及别人忌讳的话题不可，在这种情况下，做人就要讲究语言技巧了。要尽量把话说得委婉、含蓄些，在遣词造句时，要避免那些带有直接刺激感官的字眼，这样就有可能取得比较好的效果。例如，同是一位较胖的女顾客去布店买花布做衬衫，在选择大花图案还是几何图案上拿不定主意，女售货员根据顾客的特点，帮她选择了几何图案的花布，并且介绍说："这种大花图案带有扩张感，适合瘦人穿，你穿不太合适。这种几何图案花布艺术大方，颜色也好，一尺才五角二分，你买七尺就够了，花钱不多做件衬衫穿，能使人显得年轻、苗条。"胖顾客听了就很舒服。

有一位李先生，喜欢跟别人争辩，借以卖弄自己的学识，如果你不跟他争辩，他倒也不会来麻烦你，伤害你。

其实，这位李先生是一个很好的人，忠实、不说谎、不伪装，也从来不投机取巧，不做一点亏心事，更不占别人便宜。像这样一个好人，却一点都不受别人欢迎。李先生为什么会落得如此情况呢？

原来他过分看重了自己，以为自己是个十全十美的人，以为人人都应该以他为模范，为导师。因此，他就喜欢随时随地地去教训别人，指导别人。看见别人有一点点缺点，就加以批评、指责，像大人管小孩，老师对学生一样，摆出一副道貌岸然、神圣不可侵犯的神态。甚至常常有意地夸大别人的缺点，把别人的一时疏忽或无心的过失，说成是存心不良或者行为不端。

同时他又不能容忍别人对他有什么不恭敬、不忠实之处。如果他吃了别人一点点亏或受了别人一点点欺骗，那他就把对方当作罪大恶极、无耻至极的人，加以攻击、嘲笑、讽刺或谩骂不已。

只要想一下就可以知道这种人是多么令人可怕，到处都会激起别人的憎恶与反感。

一个人对自己要求严格，不做一点错事，这自然是十分正确的事。但不要因此就把自己看得太高，以自己的标准来要求别人，以为别人都是笨蛋，只有自己才是圣人。

对别人的过失与错误，首先要分析他们犯错的原因，可能是受到恶劣环境的影响，可能是因为他们自己认识不清，也可能只是一时疏忽，有时还可能因为求好反而犯了错误，主观上求好，而客观上犯了错误。除了一些真正与人为敌的社会败类，应该群起而攻之外，大多数人所犯的错误都是可以原谅，也都是可以改正的。我们应该抱着与人为善的态度，对别人的错误，在不伤别人自尊心的原则下，诚恳而婉转地加以解释与劝导，安慰他们的苦恼，鼓励他们改正，自己吃了亏，受了骗，只要以后小心提防，不再上当就行了，不必就因此而跟对方结下深仇大恨，应留给对方一个悔改的余地。倘若一个人得罪了你，你不但不跟他计较，不向他报复，反而原谅他、宽恕他，必要时，还去帮助他，在一般的情形之下，他多半会对你十万分地感激，十二万分地惭愧，往往也会因此受到你的感化，痛改前非的。

修心箴言：

在现实的交际生活中，一定要注意尊重别人，交谈时千万不要涉及别人所忌讳的问题，不然就会使人际关系恶化，导致交际的失误。

5. 人若不可一世，往往下场可悲

按照系统论的观点，任何一件事都不是孤立存在的，而是只能存在于一个系统之中。有些人往往忽视这一点，他们在爬到一定高位时，不是居功自傲，便是矜才使气、盛气凌人。想一想宇宙之大、人际之繁，一人之功、一己之才算得了什么？更何况每一个人的“功”和“才”都是踩着别人的肩膀摘得的。所以，才大而不气粗，居功而不自傲，才是做人的根本。

东汉名将冯异，品格高洁、才能出众，在中国历史上传为佳话，至今也是值得我们借鉴的榜样。冯异驰骋沙场几十年，战功累累，是汉光武帝刘秀中兴时的杰出统帅。但每次战役结束后，诸将并坐论功时，他为了避功，把封赏让给部下，常常独坐在大树下读书思过，因而军中称他为“大树将军”，他有帅才，却从不使气，虽战功赫赫，却仍低调做人。

更始元年（23年），大司马刘秀率王霸、冯异等将领历经艰险，攻克邯郸，擒斩王郎，平息叛乱。冯异在邯郸之战中，千方百计克服种种困难，连夜为夜宿河北晓阳地区的大军筹措粮秣，熬煮稀豆粥，使将士饥寒俱解，恢复战斗力。

刘秀率军行至南宫时，正逢大雨滂沱，寒气逼人，又是冯异四处奔波，取薪燃火，供将士取暖烘衣，送上热气腾腾的麦饭，使官兵衣干腹饱，重上战场。

邯郸之战，刘秀大胜。他赞扬冯异“功勋难估，当为头功”。正当刘秀召集将领盘坐旷野、论功行赏时，冯异却独自离众，待在一棵老槐树下聚精会神地读《孙子兵法》。当侍卫连拖带拉地将冯异带到刘秀跟前时，冯异却对封赏一再推让。实在推托不掉，他便建议将此功让给属下的一名偏将，令这位偏将大受感动。刘秀见冯异淡泊功利，又赏他许多金银，冯异却悉数分给这次作战中表现勇猛的士卒。

冯异的做法，使他调动起部下来得心应手，部卒愿意为他效力，同级之人佩服他，上司也欣赏他。

相对冯异来说，年羹尧就是一个不知深浅的人物了，他的胞妹是雍正帝的贵妃。

雍正皇帝登基之初，对年羹尧倍加赏识、重用。年羹尧一直在西北前线为朝廷效力，因平定西藏时运粮及守隘之功，封三等公爵，世袭罔替，加太保衔；因子郭罗克功晋二等公；叙平青海功，进一等公，给一子爵令其子袭，外加太傅衔。雍正二年（1724年）八月，年羹尧入觐时，御赐双眼孔雀翎、四团龙补服、黄带、紫辔及金币，恩宠到了无以复加的地步。不但年羹尧的亲属备受恩宠，就连家仆也有通过保荐，官做到道员、副将的。

年羹尧对此不但不知收敛，却更加得意忘形，更加骄横，还霸占了蒙古贝勒七信之女，斩杀提督、参将多人，甚至蒙古王公见到他都要先跪下，以此他遭到了群臣的愤怒和非议，弹劾他的奏章多似雪片。

内阁、詹翰、九卿、科道合词奏言年羹尧的罪恶，于是部议尽革他的官职。雍正三年（1725年）十月，雍正帝命逮年羹尧来京审讯。十二月，案成。此距发端仅有九个多月。议政王大臣等定年羹尧罪：计有大逆之罪五、欺罔之罪九、僭越之罪十六、狂悖之罪十三、专擅之罪十五、忌刻之罪六、残忍之罪四，共九十二款。

雍正三年十二月，皇帝差步兵统领阿尔图，来到关押年羹尧的囚室传旨说：“历观史书所注，不法之臣有之。然当未败露之先，尚皆为守臣节。如尔公行不法，全无忌惮，古来曾有其人乎？朕待尔之恩如天高地厚，愿以尔实心报国，尽去猜疑，一心任用。尔乃作威作福，植党营私，辜恩负德，于结果忍为之乎？尔悖逆不臣至此，若枉法曲宥，局以彰宪典而服人心？今宽尔磔死，令尔自裁，尔非草木，虽死亦当感涕也。”年羹尧接旨后即自杀。此案涉及年家亲属及友人，其父年遐龄、兄年希尧罢官，其子年富立斩，诸子年十五以上者遣戍极边，子孙未满十五者待至时照例发遣，族中文武官员俱革职。

不可一世的年羹尧，因为在做人上的无知而落得个可悲的下场，所以，永远要记得，做人要懂得谦谨，有才而不处处彰显，有功而不时时挂怀，才是处世的智慧，也是安身的根本。

修心箴言：

宇宙之大、人际之繁，一人之功、一己之才算得了什么？更何况每一个人的“功”和“才”都是踩着别人的肩头摘得的。所以，才大而不气粗，居功而不自傲，才是做人的根本。

6. 被人嫉妒，是祸不是福

在与别人交往中，豁达而谦逊的人最受人喜欢；相反，盛气凌人，瞧不起别人者常会引来别人的反感，在交往中处于四顾无援的境地。

在交往中，人人都想获得良好的评价，自觉和主动地维护着自己的尊严。如果一方过分地显示自己有着高人一等的优越，这样无形中对另一方的自尊就形成了一种轻视和挑战。另一方心理自然就会对他产生一种排斥的态度。

平常的相处中就有这种现象：某人才思敏锐，言辞锋利，一开口就流露出一股傲慢。此种印象形成后，别人就不易于接受他的观点。因为他的目的就是表现自己，显示自己的优越，从而让别人佩服和服从，但却往往事与愿违，在同事中颇不得人心。这倒应了法国哲学家罗西法古的一句话："你要得到仇人，就表现得比你的朋友优越；你需得到朋友，就让你的朋友表现得比你优越。"朋友比你优越，他显然处在一个主角的地位，有一种自如的感觉。而当你比朋友优越时，他能产生的只是自卑和失望，甚至会对你艳羡或妒恨，这样你们的朋友关系还会存在吗？

嫉妒是人性的本能，同事间的嫉妒就像一把烈火，控制不当，会把一个人毁灭的。当你发现别人在嫉妒你，或你在嫉妒别人时，一定要想方设法，把已经点燃的妒火熄灭。

同事间的嫉妒大部分是有根源的。你取得了成就，获得了荣誉，得到晋升，都可能成为别人嫉妒的对象。有些人的嫉妒是写在脸上的，你一看心里就明白；而另一部分人的嫉妒是藏在心里的，他脸面上不表露，嘴上还一个劲儿地夸你，可就是在工作中开始和你作对，表现出不友好或不合作的迹象。

当别人嫉妒你时，你不要显现你的得意或得理不让人，这样做的结果，只能促使他的嫉妒升温。

熄灭妒火的一个方法是，把姿态放低，对人彬彬有礼，诚恳地请求别人的指教或者配合，从而化解别人的嫉妒。

有一位管理学院的系领导就很懂得化解之法，他初任系主任的时候，有一位很有才能的同事经常找碴儿，出他的洋相，但他没有与之对着干，而是采取了釜底抽薪的办法。他亲自登门找这位同事交谈，提出自己的弱点和不足，最后说："我本人不管是在教学上，还是管理上，都缺乏经验，主持系里的工作，是赶鸭子上架，还希望你尽力帮助和支持。"他抬高别人，贬低自己，故意示弱，收到了将妒火熄灭的效果，那位教授后来不仅不再为难他，反而成了他的左右手。

要将妒火熄灭，还要会化财消灾，减弱对方的嫉妒。对妒恨自己的人，你不但不能以牙还牙，反而要以德报怨，这也是化解嫉妒的一步妙棋。

某电脑公司的一位高工新设计了一套软件，推向市场后销路很好，得了一大笔奖金。公司里的一帮小青年嫉妒得眼都红了。一天，一个小青年家中突然失火，生活用品全部化为灰烬，寒冬腊月，无处栖身了。这位高工知道后，立即自己买了吃的用的、铺的盖的，租了一辆客货两用车，专程送到了小青年的家中，这位小青年和他的几个哥们，简直把高工看作是老大。对高工说："你真是菩萨心肠，往后有什么为难的事，打一声招呼，赴汤蹈火，我们几个全上！"

被人嫉妒，是祸不是福，所以你要弥祸祈福，想招数把妒火熄灭；嫉妒别人也不是好事，要防微杜渐，不要让它形成一种破坏力量，害人害己，两败俱伤。

修心箴言：

当别人嫉妒你时，你不要显现你的得意或得理不让人，这样做的结果，只能促使他的嫉妒升温。熄灭妒火的方法是，把姿态放低，对人彬彬有礼，诚恳地请求别人的指教或者配合，从而化解别人的嫉妒。

7. 低调做人，避招风雨

佛教上讲，人的一生就是受苦受难的过程。我们不能要求每个人都来信奉这个观点。但是，你要谋求发展，就要处处小心谨慎，稳步前进，夹起尾巴做人。话虽然是粗俗了一些，但里面包含的大道理还需要我们慢慢去领悟。

三国时期曹操的著名谋士荀攸智慧超群，谋略过人，他辅佐曹操征张绣、擒吕布、战袁绍、定乌桓，为曹氏集团统一北方、建立功业做出了重要的贡献。他在朝二十余年，能够从容自如地处理政治漩涡中上下左右的复杂关系，在极其残酷的人事倾轧中，始终地位稳定，立于不败之地，就在于他能甘于淡泊缄默。曹操有一段话形象而又精辟地反映了荀攸的这一特别的谋略："公达外愚内智，外怯内勇，外弱内强，不成善，无施劳，智可及，愚不可及，虽颜子、宁武不能过也。"可见荀攸平时十分注意周围的环境，对内对外，对敌对己，迥然不同。参与军机，他智慧过人，连出妙策；迎战敌军，他奋勇当先，不屈不挠。但对曹操、对同僚却不争高下，表现得总是很谦卑、文弱、愚钝、怯懦。有一次，他的姑表兄弟辛韬曾问及他当年为曹操谋取袁绍冀州的情况，他却极力否认自己的谋略贡献，说自己什么也没有做。他为曹操"前后凡划奇策十二"，史家称赞他是"张良、陈平第二"，但他本人对自己的卓著功勋却是守口如瓶，讳莫如深，从不对他人说起。他与曹操相处二十年，关系融洽，深受宠信，从来不见有人到曹操处以谗言加害于他，也没有一处得罪过曹操，使曹操不悦。建安十九年（214年），荀攸在从征途中善终而死，曹操知道后痛哭流涕，说："孤与荀公达周游二十余年，无毫毛可非者。"并赞誉他为谦虚的君子和完美的贤人。这都是荀攸避招风雨，精于应变的结果。

避招风雨的应变策略，初看起来好像比较消极，其实，它并不是委屈求全、窝窝囊囊做人，而是通过少惹是非、少生麻烦的方式更好地展现自己的才华，发挥自己的特长。同时，对于一些谋士来说，运用避招风雨的策略，不仅可以保命安身，还可以求得一个好的结果。"运筹帷幄，决胜千里之外"的千古良辅张良，在功成名就时，汉高祖让其择齐地三万户为封邑。

那时，连年战争，人口锐减，粮食奇缺。齐地素以富饶著称，对于立国不久、困难重重的汉朝来说，齐地的三万户是个极为丰厚的食禄。然而，张良却婉言谢绝了刘邦的厚赐，只选了个万户左右的留县，受封为"留侯"。张良置荣利而淡之，行"避招风雨"术，其明哲保身的用心可谓良苦。

道格拉斯·麦克阿瑟是美国著名的五星上将之一。

麦克阿瑟的一生充满了传奇色彩：19岁入西点军校，23岁以总分第一名的成绩走出军校大门；50岁的时候，是美国陆军历史上最年轻的参谋长，在第二次世界大战期间任西南太平洋战区盟国武装部队总司令；二战结束后任美国远东部队司令官；美国侵朝战争时期任"联合国军"总司令。1951年4月11日，麦克阿瑟52年的军旅生涯在鼎盛期戛然而止。

这一天，美国总统杜鲁门发表声明："我深表遗憾地宣布，陆军五星上将道格拉斯·麦克阿瑟已不能在涉及他所担任职责的问题上全心全意地支持美国政府和联合国的政策。根据美国宪法赋予我的特殊责任和联合国赋予我的责任，我决定变更远东战区的指挥。因此，我解除了麦克阿瑟将军的指挥权，并任命马修·李奇微中将为他的继任者……”

杜鲁门总统做出的这一决定源于麦克阿瑟的长期桀骜不驯，且对任何关于国家甚至国际大事都敢“口吐狼言”。

朝鲜战争爆发后，麦克阿瑟与决策层最初出现龃龉并非因朝鲜问题，而是由美国的对台政策引起的。美国政府认为，蒋介石政府已经丧失了民众的支持，美国对蒋的援助不仅会疏远中国大陆群众，还会在亚洲各国激起强烈的反美、反西方的情绪。在白宫看来，若派遣国民党军队参加朝鲜作战，其所需费用“还不如用来支持我们自己的军队更合算些”。因此，美国政府决定，与台湾的关系不能太密切。

但是，政府的决定却遭到以麦克阿瑟为首的美国军界的反对。1950年7月21日，麦克阿瑟访问台湾，并发表声明8月1日，蒋介石发表公报对于麦克阿瑟的声明，且不去评价其对与错，单就麦克阿瑟的身份来说就是“越位”。

这两个声明、公报引起了华盛顿的不安，杜鲁门总统8月4日在以国防部长约翰逊名义发出的信件中用严厉的措辞对麦克阿瑟提出了警告，提醒他：“国家利益至关重要，我们不能做出任何可能导致全面战争爆发的行动，或是给别人提供发动全面战争的口实。”

但是，麦克阿瑟对这一警告置若罔闻

杜鲁门获悉该电文后非常恼怒，曾认真考虑过解除麦克阿瑟远东战区司令官的职务。但最终，他“经过认真斟酌，决定打消这个主意”。

然而，麦克阿瑟在朝鲜战场上一败涂地，又狂热地鼓吹扩大战争。他自行其是，无视参谋长联席会议和总统的权威，在世界舆论面前，屡屡陷美国政府于被动。这使得杜鲁门忍无可忍，最终采取了解除麦克阿瑟职务的行动。

一个声威显赫的传奇将军，就这样黯然地被解除了职务，留给人们的感慨和思索实在太多了。所以，即便你声名远播，即便你功勋卓著，即便你业绩骄人，即便你如日中天，你也不必目中无人、不可一世，而应谨言慎行、低调做人。盲目地自骄自负、不切实际地固执己见，就注定要以惨败而告终，此乃世事之必然、人生之警策。

修心箴言：

避招风雨的应变策略，初看起来好像比较消极，其实，它并不是委曲求全、窝窝囊囊做人，而是通过少惹是非、少生麻烦的方式更好地展现自己的才华，发挥自己的特长。

卷四
知恩惜福，修一颗感恩心

自然界的一切都是知道感恩的。因为感恩，鱼儿回报给大海一片生机；因为感恩，鸟儿回报给天空动态的美丽；因为感恩，大树赠给大地丝丝阴凉。世界需要一颗感恩的心，因为感恩，所以世界才更加美丽。

1. 感恩的人关注吸引美好的事物

人生有付出，就会有收获，如果我们以爱心去对待别人，别人也会以同样的爱心对待我们。感谢生活的人，生活才会给予他丰厚的回报。一个人口渴了，发现半杯水欣喜若狂是因为他感谢别人的给予，而抱怨的人下意识里首先是对他人的不满，甚至鄙视。一个不知感恩、不能感恩的人，不会拥有积极的心态，不会热爱人生，不会热爱工作，也不会拥有谦虚好学和培养良好习惯的内在动力。

一个人感恩与不满是两种情感，它所关注、吸引的事物和形成的结果是不一样的。感恩的人关注吸引美好的事物，首先他会感激并关注美好事物，而后形成积极的期望，再涌现积极改善的想法，再形成积极有效的行动，从而造成积极结果。相反，不满的人关注吸引不满的事，首先厌烦并关注不好的事物，而后形成消极期望，再涌现消极改善，再形成消极行动，从而造成消极的结果。这样，形成新的马太效应：感恩的人，越来越美好，越来越富有；而不满的人，越来越烦恼，越来越贫穷。把“恩”拆开，就是“因”和“心”，正因为有了一颗爱心，人们才会用真情温暖彼此的心。常怀感恩之心，会使我们心胸恬淡，胸怀宽广，促进和谐人际关系的建立，从而有助于事业的成功。

感恩不是压力，不是债务负担，而是一种人生智慧，是一种催人向上的动力。

前几年台湾金石堂排行榜第一的畅销书《乞丐囝仔》，短短时间就销售上百万册，书中内容真实感人，催人泪下。故事主人公，就是台湾十大杰出青年赖进东。赖进东出生在一个乞丐家庭，全家十口人大多有重度残疾，全靠乞讨为生。赖进东刚刚学会走路，就跟着姐姐乞讨，四处流浪，过着风餐露宿的生活，经常以坟地、庙宇为家，十岁之后边读书边乞讨，总共过了17年的乞讨生活。身为长子的赖进东不但肩挑全家的担子，更努力求学，发奋工作，终能娶妻生子，经营事业。人生至此，是苦尽甘来、开花结果。

书中最后说："我一直相信天下没有白吃的午餐，虽然你付出了多少不一定会得到多少，但如果你不脚踏实地努力，那么你得到的也很快会再失去，因为轻易得到的东西不会让人珍惜。今天，我愿以最谦卑的心情跟大家分享我半生的人生经历，希望读者都能喜欢这本书。而我一直有个心愿，就是尽我的能力筹建一座多元化的孝亲公司、孝亲图书馆，这也是我写这本书的目的。当然，这个心愿实现起来不容易，但我相信只要努力，未来一定会完成这个梦想。

最后，我要向在我生命中出现的人，献上我最诚挚的谢意。

——感谢过去曾经关照我的所有人士，以及我所有老师的鼓励、照顾、教诲，使我有今天。

——感谢我的老婆阿霞，感谢她愿意为这个世界上最不幸的家庭牺牲自己，这么长的时间，她一直陪在我身边，无怨无悔地陪我走过这段艰辛的路程。

——感谢我的父母，他们生我、养我，虽然两人都是重度残障，但我永远爱着他们，怀念他们。还有我最亲爱的姐姐，如果不是她卖身尽孝，如果不是她长期一直扮演我生命中的明灯，做我的精神支柱，阿进根本不可能活到今天。

——谢谢我的老板，他给我机会，让我可以在工作上一展所长。

——也要谢谢过去曾经嘲笑、侮辱过我的人，是因为他们的刺激，让我有了向上攀登的力量。

——我终可以说一声：谢谢你们，我没有辜负大家对我的期许。天无绝人之路，曾经的痛苦、委曲、折磨，曾经我走在遍布荆棘的漫漫黑夜长路，而终有这一天，我望见了希望，走出了自己的人生道路。”

赖进东的事迹十分感人，同时，也让我们认识到，拥有快乐心情的人是最幸福的！而怎样才能拥有快乐的心情呢？那就是让自己有一颗感恩的心。

修心箴言：

把“恩”拆开，就是“因”和“心”，正因为有了一颗爱心，人们才会用真情温暖彼此的心。常怀感恩之心，会使我们心胸恬淡，胸怀宽广，促进和谐人际关系的建立，从而有助于事业的成功。

2. 感恩上天赐给我们的一切

“我的手还能活动，我的大脑还能思维，我有终生追求的理想，我有爱我的和我爱着的亲人与朋友……”谁能想到这段豁达而美妙的文字，竟出自一位在轮椅上生活了三十余年的高位瘫痪的残疾人——世界科学巨匠霍金。上天对霍金实在是不能再苛刻了，他口不能说，腿不能站，身体不能动，可他仍感到满足，感到自己很富有：一根能活动的手指，一个能思维的大脑……这些都让他对生活充满了感恩之心。

看了这个故事之后，处在困境中的你，一定会有很深的感悟。也许之前你还在抱怨自己的生活没有意义，过得好无聊，工作不如意，孩子不听话，但这些跟霍金的困难相比还算是困难吗？霍金尚且能感恩，我们呢？感恩，不仅是一种心态，更是一种处世之道和做人的境界。让我们以知足不抱怨的心去体察和珍惜身边的人、事、物；让我们在渐渐平淡麻木了的日子里，发现生活本是如此丰厚而富有；让我们领悟和品味命运的馈赠与生命的激情；让我们收集如此饱满的感情，让感恩之心伴我们一生。

平凡的日子里的点点滴滴，需要我们用感恩之心去回报！阳光、雨露、大地、天空、森林与河流，以及春天的一缕新绿或秋天里的一抹金黄！这个世界啊，值得我们感恩的实在是太多太多！感恩祖国和人民，感恩父母亲人，培养我们茁壮成长，给予我们大海般爱的深情；感恩良师益友，那份循循善诱和谆谆教导；感恩爱侣情人，那份相濡以沫的默默陪伴，那在困境中向我们伸来的温暖之手。

我们甚至还要感恩于失败、挫折、痛苦和不幸……正是这些，让我们变得更加坚强、成熟。逆境之中更能够激发人的潜能，别人对你的伤害越大，你得到的磨炼也越大。如果常处逆境中，自己心灵的品质也能不断提升，那么人生一定会过得坚实而有信心。

当挫折或伤害来临的时候，不要总是想到我怎么这么倒霉，不幸的事总是发生在我身上，而要首先想想这件事对我有什么价值，对我的人生有什么帮助。要培养自己从积极的方面看待事物的思维习惯。其次就是要用感恩的心来面对挫折，思维习惯的培养有一个学习的过程，要给自己时间和耐心。

其实，让我们更快成长起来的不是优裕和顺境，而是那些常常可以置自己于死地的打击、挫折和对立面。挪威著名剧作家亨利·易卜生把自己的对立面——瑞典剧作家斯特林堡的画像放在桌子上，一边写作，一边看着画像，从而激励自己。易卜生说：“他是我的死对头，但我不去伤害他，把他放在桌子上，让他看着我写作。”

据说，易卜生在对立面目光的关注下，完成了《社会支持》《玩偶之家》等世界戏剧文化中的经典之作。

让我们都学会感恩吧！不管你的生活充满了阳光还是阴霾，从现在开始学会感恩吧！记得苍天给我们的雨露，大地给我们的五谷，路人给我们的笑容，小鸟给我们的歌唱，微风给我们的轻抚……常存感恩之心，会使我们的灵魂更加纯洁，会使我们的生活更加美好！

修心箴言：

当挫折或伤害来临的时候，不要总是想到自己怎么这么倒霉，不幸的事总是发生在你身上，而要首先想想这件事对你有什么价值，对你的人生有什么帮助。要培养自己从积极方面看待事物的思维习惯。其次就是要用感恩的心来面对挫折，思维习惯的培养有一个学习的过程，要给自己时间和耐心。

3. 莫让时间在怨天尤人中悄悄流逝

在漫长的人生道路上，不遂人意的事常有发生，如果我们因为种种挫折而心灰意冷、备受煎熬，那么人生还有什么滋味？既然不可避免的事实已摆在你面前，你就必须坦然面对，加以接受并适应它。培根说：“一个悲观的人，把所有的快乐都看成不快乐，如同美酒倒入充满胆汁的口中也会变苦一样。”其实，生活中的幸福与困厄，并不在于降临的事情本身是苦是乐，而要看我们如何去面对。当你认为自己很可怜，让痛苦爬满额头，你的生活就会真的很痛苦；而如果你相信自己很快乐，并且快乐地去生活，那么你的生活也就真的很快乐。

传说，有个寺院的住持，给寺院里立下了一个特别的规矩：每到年底，寺里的和尚都要面对住持说两个字。第一年年底，住持问新和尚心里最想说什么，新和尚说：“床硬。”第二年年底，住持又问新和尚心里最想说什么，新和尚说：“食劣。”第三年年底，新和尚没等住持提问，就说：“告辞。”住持望着新和尚的背影自言自语地说：“心中有魔，难成正果，可惜！可惜！”

住持说的“魔”，就是新和尚心里没完没了地抱怨。这个新和尚只考虑自己要什么，却从来没有想过别人给过他什么。像新和尚这样的人在现实生活中很多，他们这也看不惯，那也不如意，怨气冲天，牢骚满腹，总觉得别人欠他的，社会欠他的，从来感觉不到别人和社会对他所做的一切。这种人心里只会产生抱怨，不会产生感恩。一位哲人说，世界上最大的悲剧和不幸就是一个人大言不惭地说：“没人给过我任何东西。”

常听得有人抱怨：“上天太不公平了，为什么别人都那么优秀，而我却一无所有？我没有花容月貌，没有八斗才华，没有政治家的文韬武略，又不及军事家能运筹帷幄。我缺乏天赋，啊！天赋，那是上天赐予的财富。上天啊，既然让我来到这个世间，为什么又不给我超凡的一切？”

抱怨的人们啊，一心仰面向天乞求财富，却从不低下头来仔细想想自己已经拥有的一切。于是时间在怨天尤人中悄悄流逝，他们踌躇、苦闷、蹉跎岁月，最终一事无成。

很多人都觉得活得累，于是抱怨便成了最方便的出气方式。但抱怨很多时候不但不解决问题，还会使问题恶化。如果抱怨上了瘾，不但人见人厌，自己也整天不耐烦。

抱怨生活，只能使自己过得更疲惫。有这样一个故事：比尔生活在城市里，生活即使舒适，有时仍感觉缺少事做；即使忙碌，但也觉得空虚；有快乐，也有彷徨，有希望，也有失望，总是难得如意。因此寻访乡野成了他解决烦恼的一种途径。乡间正值丰收季节，田垄上堆着稻子，农人提着镰刀，松松斗笠，用毛巾擦着汗，嬉笑地走向冒着炊烟的家。比尔和一老者在树下搭讪，老者纯朴而友善。老者说：“我们感觉快乐是因为我们能够适应田间的生活，而且喜欢它。我很乐观，我对生活不曾抱怨过，我吃自己种的蔬菜和水果，觉得那是世上最好的食物。”比尔若有所悟地点了点头。

在自然界的生活当中，没有什么是一成不变的，如果你不能适应生活，不能调整心态，你永远都会有烦恼。你要相信：一切都会变好的，我们的生活是美好的，我们要乐观地对待生活，充满自信地挑战生活，我们永远都是胜利者。

世界上有多少人没有安居的处所，有多少人没有享有受教育的权利，有多少人为一日三餐发愁，有多少人没有存款，有多少人挣扎在死亡的边缘……所以，请不要抱怨。因为抱怨不会使你在增长的岁数减少，抱怨不会使穷乏的知识增多；抱怨不会帮你工作，替你劳累；抱怨不会使青春永在，快乐常存。在穿越了千山万水后，发现自己虽然满脚的泥泞，可是却闻到了满身的花香啊，还有清晨大自然赐予我们的露水，中午老天给我们播撒的阳光，即使是深夜，也有星星在天空露出笑脸。那么，还要去抱怨自己所受的苦、所挨的伤累吗？不要抱怨生活的苦，不要在意命运的不公平。走完一段路后，要回过头去，认真地去寻找和回味每个足迹，深深浅浅的足迹，每个足迹里都有一个值得我们回忆的故事，甚至是刻骨铭心的记忆。翻过险山，领略了什么叫作伟岸，于是不再怕峻岭；涉过了急流，便领教了什么叫作挑战，哪怕后边有更多的险滩；在生死的边缘挣扎过，会对生命的珍贵有更深的感悟，今后，再也不会慢待生命，会认真地过好每一天。唯有经历了失败，才会从心底喷薄而出、升腾起对成功的渴望……

所以，不要抱怨，今天的生活足够使人向上苍感恩的。拍打干净身上的灰尘，振作疲惫的精神，笑着上路，去迎接下段征程和挑战。前方也许是坎坷的路，前方也许有更大的风险，但是要记住，在不远的前方，一定会有成功在等待，因为无限风光在险峰，你经历了应该经历的苦！

修心箴言：

世界上最大的悲剧和不幸就是一个人大言不惭地说：“没人给过我任何东西。”一味抱怨的人没有感恩心，不懂感恩的人是看不见生活给予他的希望的，这样的人只能在无边的黑暗里生存，很难见到阳光明媚的前程。

4. 经历挫折对我们来说就是一种成长

每个人生在这个世上，发生不如意的事情十有八九，如果我们囿于这种“不如意”之中，终日惴惴不安，那生活就会索然无味。与之相反，如果我们拥有一颗感恩的心，善于发现事物的美好，感受平凡中的美丽，那我们就会以坦荡的心境、豁达的胸怀来应对生活中的每一份酸甜苦辣，让原本平淡乏味的生活焕发出迷人的色彩。

生活犹如一艘航海巨轮，在冰川和暗礁的威胁中闯荡。人的一生绝不可能会一帆风顺，只有经过磨炼和挫折的人才能“脱胎换骨”，真正感受到生活的乐趣和意义。

挫折不是我们的敌人，我们应该把它当作朋友，它是我们对生活充满信心的不竭动力。因为挫折，而使我们发现生活的丰富多彩，懂得人生的真谛，是我们成长道路上的一剂良药。

挫折，一个谁也不想遇到，但谁也无法避免的东西。所有的人都畏惧它的存在，这都是因为人们并没有真正理解挫折的本质。

挫折来源于一个生动的故事。从前，有个老女巫想用法术把自己变得美丽而年轻。然而，她最后以失败而告终，而且她变得比以前更难看了。到后来，她又刻苦钻研了两年，终于知道了怎样正确地使用法术使自己变得很年轻。没过多久，她就变得年轻漂亮了，但是她回忆起以前变丑时大家都很讨厌她，她非常愤怒，想报复世人。后来，她研制出了一种魔法，使所有的人做事都要先失败一次，然后才能成功。挫折，就这样诞生于世上了。

挫折本身是无罪的，可是人们却十分讨厌它。其实，正是因为挫折才使得我们的生活变得更加精彩，才使我们获得成功。

挫折能将生活、家庭乃至世界全都变得更加精彩。如果你未经历一次挫折就直接获得了成功，那么，你就不会努力创新，等待你的将是两个极端——光辉的一生和一辈子的失败。而如果经过挫折才会成功，你将会拥有最高的荣耀，你不会因为没有创新而被淘汰，也不会因为失败而黑暗一辈子。

人生在世，难免会有挫折的事发生，换个角度来讲，适度的厄运具有一定的积极性，它可以帮助我们驱走惰性，促使人奋进，厄运又是一种考验和挑战，我们的生活可以在厄运中变得精彩，我们的性格也可以在厄运中变得成熟。

记得有这样一个故事：草地上有一个蛹，被一个小孩带回家。过了几天，蛹上出现了裂缝，里面的蝴蝶在挣扎，它挣扎了好久，身子似乎被卡住了，一直出不来。天真的孩子看见蛹中的蝴蝶挣扎得很痛苦，于是拿起剪刀把蛹壳剪开，帮助蝴蝶脱蛹出来，可是蝴蝶出壳后，身躯臃肿，翅膀干瘪，根本飞不起来，一会儿便死了。

这告诉我们一个很简单的道理：蝴蝶因为没有经过破蛹前必须经历的痛苦挣扎而死掉了。

人也一样，让我们痛苦的挫折对我们来说就是成长。

人生重要的不是拥有什么，而是你经历了什么？任何的坎坷经历都是我们的财富。

遇到挫折不要再埋怨上天不公了，就当是我们生活中多彩的小插曲吧！因为我们因此又长了一智。

修心的人生幸福多——人生是场修行，你要学会修心

人的一生总是充满坎坷，总有许多崎岖，总会遇到狂风暴雨……或许生活与挫折是一对孪生兄弟吧！生活所到之处，挫折必然尾随其后。但生活是哥哥，挫折是弟弟，当生活发现挫折的恶作剧时，他肯定会立即阻止，好朋友幸福与快乐便会相伴左右。

旅途坎坷，但总让人回味；道路崎岖，总会柳暗花明；暴雨来袭，总会出现彩虹……人生也正是因为挫折而变得更加精彩！

修心

修心箴言：

挫折不是我们的敌人，我们应该把它当作朋友，它是我们对生活充满信心的不竭动力。因为挫折，而使我们发现生活的丰富多彩，懂得人生的真谛，是我们成长道路上的一剂良药。

5. 父母是需要我们用一生去感谢的人

“孝”是儒家伦理思想的核心，是千百年来中国社会维系家庭关系的道德准则，是中华民族的传统美德，是先辈传承下来的宝贵精神财富，是每个儿女应尽的义务，也是义不容辞的责任。孝敬父母，尊敬长辈，是做人的本分，是各种品德形成的前提，也是良好修养的一种最佳体现。父母恩情重如山、深似海，人生莫忘父母恩。

“树欲静而风不止，子欲养而亲不待”，出自《韩诗外传》卷九，这声叹息是皋鱼在父母死后有感而发的。皋鱼周游列国去寻师访友，故很少留在家乡侍奉父母。岂料父母相继去世，皋鱼才惊觉从此不能再尽孝道，深悔当初父母在世时未能好好侍亲，现在已追悔莫及了！皋鱼以“树欲静而风不止”来比喻他痛失双亲的无奈。树木不喜随风摆动太多，否则便枝歪叶落，无奈劲风始终不肯停息，而树木便不断被吹得摇头摆脑。风不止，是树的无奈；而亲不在，则是孝子的无奈！

父母是需要我们用一生去感谢的，因为他们是我们咿呀学语的拐杖，是漂泊天涯游子的归巢，是我们人生的第一位老师，是我们成长路上不可缺少的引路人。有句老话叫作：“百善孝为先。”大意是，如果你想做个好人，那首先应该做到的是孝敬父母、尊重父母。

人们常说，父母恩最难报。愿我们每一个人能像当年父母对待小时候的我们那样，耐心、温柔地对待渐渐老去的父母，体谅他们，以反哺之心奉敬父母，以感恩之心孝顺父母！哪怕只是为父母换洗衣服，为父母喂饭送汤，为父母搽搽风湿油，按摩按摩酸痛的腰背。哪怕只是握着父母的手，搀扶着他们一步一步地慢慢散步，就像当年他们搀扶着蹒跚学步的我们。好好地爱父母，让我们的父母幸福、快乐地度过余生吧，而一定不要有“树欲静而风不止，子欲养而亲不待”的遗憾。

另外，“孝”还应建立在“敬心”之上，孝顺父母要真心实意，如果只有物质奉养而无精神慰藉，也不能称得上是“孝”。一般来说，父母进入老年以后，体力和精力都不及从前了。所以，做子女的要多关心体贴父母，尽可能为父母分担家务劳动，自己料理好个人生活，不让父母操心，减轻父母的负担。同时，当子女的，还应该经常关心父母的身体健康，嘘寒问暖。当父母生病时，更需要细心照料。父母遇到不称心的事，要热心地为他们分忧解愁。父母年老体弱、丧失劳动能力以后，理应得到子女更多的照顾。既要在物质上给予充分的帮助，更要在精神上关心、体贴老人。

作为为人之本，孝贯穿于人类生活的始终，而理解与宽容则是尽孝的一贯精神。一个不能理解父母，只是固执己见的人是难以真正对父母尽孝的。因为他和父母生活在两个相互隔绝的心灵世界中，这是很尴尬、很悲哀的一件事。而要想真正理解父母还在于善于接受父母的意见，实现他们的心愿。因为，孝的根本就在于愉悦父母，而我们在父母身心愉悦的过程中，自己也获得了一种人生价值的实现和心灵的满足。所以孔子讲“又敬不违，劳而不怨”。所谓孝的意义亦由此得以体现出来。

作为子女，记住老人的生日是对父爱、母爱的一种回报，是尊老敬老的具体表现。物质赡养和精神赡养构成了“孝”的内涵，这两者是密不可分的，而精神赡养有时比物质赡养更重要，为老人过一个热热闹闹的生日则是这两者相互结合的生动体现。

生日，是一个人的生命痕迹，是人生的阶段性印记。祝贺生日这一形式，体现着人性关怀的色彩。少年儿童的生日是成长的欣喜，犹如破土而出的幼苗生机勃勃；青年人的生日是激情的迸发，犹如美丽的花朵绽放着青春和浪漫；中年人的生日是拼搏的颂歌，犹如莽莽的森林般深沉和厚重；而老人的生日是生活的恋歌，犹如辉煌的落日，在炫目的金色中浸润着淡泊宁静和依依不舍的忧愁。老年人已进入人生的“丧失期”，过一年就少一年，因而为他们过生日就显得弥足珍贵。于是，我们更有理由记住老人的生日，因为这意味着记住了自己的责任、爱心和孝心，更记住了人类文明的真谛。

的确，记住父母的生日也是一种孝的表现，可是，众所周知，所有的父母都能够记住子女的生日和年龄，可是，是否所有的孩子都能够记住父母的年龄呢？就算能够勉强记住父母的年龄，又有多少人能够记得住父母的生日呢？

某调查机构对100名40岁以下的中青年人进行了一个对家庭成员生日、年龄记忆的测试，调查结果显示，100人中有57人不知道父母生日，74人不知父母的具体年龄。可是，当问及孩子和爱人的生日及年龄时，几乎全都能迅速、准确地回答出来。

记住孩子和爱人的生日无可厚非，亦是亲情使然。然而，多达57%的人忘记了父母的生日，这是应该引起年轻人深思的。

其实，父母生了我们，养了我们，他们的要求并不高。或许只是需要你常回家看看，一句随意的问候“爸、妈，你们好吗？”一起坐下来吃一顿家常便饭，陪母亲逛逛街，唠唠家常，帮爸爸捶捶后背、揉揉肩……他们就无比满足了。而不是像中央电视台那则公益广告《都忙都忙》中的老人那样，做了一桌子饭菜等儿女们回来，儿女们一个个有事又不回家吃饭，老人只能在一间空旷的大房间里，对着电视机怅然若失。

总之，无论社会如何发展，无论时代如何变化，孝敬父母，永远都不应该成为落后于时代的思想，成为不符合现实的“古董”，而应该成为我们永远遵循的最基本的道德修养准则。“孝”是营造和谐家庭、融和社会关系的贴身法宝。只有我们与父母的关系融洽了，只有我们的家庭关系和睦了，我们的整个社会才能够和谐、稳定。

修心

修心箴言：

孝的根本就在于愉悦父母，而我们在父母身心愉悦的过程中，自己也获得了一种人生价值的实现和心灵的满足。所以孔子讲“又敬不违，劳而不怨”。所谓孝的意义亦由此得以体现出来。

卷五
从容镇定，修一颗淡定心

淡定是人生的观念和定力，是看问题的角度和视野，是对待问题的手段和策略。学会淡定，才能让自己洗去浮躁，彻底安静下来，才能把全部的力量花在将要到来的选择上，而不至于让自己因为某些因素的干扰，作出错误的判断。给自己一份淡定，无论迎来的是成功或者失败，同样可以活得无怨无悔、开心精彩。

1. 修得淡定心，坦然处万境

你是不是经常有这样的发现，同样一件事，因为心境不同，感受则也不同。心境好时，即便普通的天气，你也会觉得阳光灿烂；心境差时，明月光也会成为伤心色，风铃声也能变成断肠音——这就是心境的力量。

记得郑板桥先生应一寺庙住持所请，为该庙所写的一副门联吗？

“花开花落僧贫富，云来云往客有无。”

虽然，今天我们已不能再觅庙在何方？但该对联所体现的意境依然能跃然纸上——

夕阳早已西下，乌雀业已归巢，青灯下，一个老和尚，左手把着古卷，右手拿捏佛珠，口里诵着“阿弥陀佛”，孤寂的身影投在青青的古墙上，拉下长长的身影……

天亮了，和尚开门了，该是叫醒小徒弟打扫卫生了。满树的繁花盛开，绿意盎然，娇花含羞。小徒弟也醒了，“师父，好漂亮啊，阿弥陀佛，感谢佛祖……”这个时候，老和尚感觉到了上苍的恩惠，赐予他如此的“财富”，如此的多，如此的美，他已不再是一名贫寂的僧人。

一天又一天，春去秋来，落红早已归去，萧瑟的秋风毫不留情地揽下片片绿叶，似乎要把这曾经的他人的财富据为己有。站在庭院里，老和尚看着小徒弟将满地的尘缘扫尽，望着这曾属于自己的“财富”，它曾是佛祖给予我的诚心，欣喜过，如今叹秋之无情，生命之短暂。归去矣，春泥护花，只能等下一个轮回了。

这也许是常人所想象的一种境界，有些凄凉和无奈。

然而，所谓的禅境是：花开的富有和花落的凄凉与我有什么关系呢？无所谓贫富。云来云往本来就是虚无缥缈的，无所谓有还是无。心何必为这短暂的停留而悸动呢？

正所谓："菩提本无树，明镜亦非台。本来无一物，何处惹尘埃？"

有一天，禅宗第五代祖师弘忍禅师宣布要传授衣钵，选一个继承衣钵的人，叫大家陈述心得。这时，一位首席的上座师神秀，在走廊的墙壁上写了一首偈语："身是菩提树，心如明镜台。时时勤拂拭，勿使惹尘埃。"一个槽厂舂米的苦工看了神秀的偈语以后，也写了一首偈语："菩提本无树，明镜亦非台。本来无一物，何处惹尘埃？"后来这个苦工就继承了衣钵，他就是禅宗第六代祖师慧能。

慧能禅师的境界非一般人能企及，而神秀偈语"身是菩提树，心如明镜台。时时勤拂拭，勿使惹尘埃"其实对于我们俗人更为合适。生活在熙熙攘攘、名来利往的现代社会的我们，这个偈语实在是战胜自身烦恼、解除心灵痛苦、获得自我解脱的一剂良药。

时时勤拂拭，勿使惹尘埃。是一种积极的人生态度，是一种在现实的泥泞中偶然昂起头来喘几口气的超脱，是在对世界包括自我的本质有了充分把握之后作出的一种抉择。

只有"时时勤拂拭，勿使惹尘埃"，我们才能够遇事想得开、看得透、提得起、放得下，处世清楚，为人豁达，虽宠辱而不惊，虽毁誉而不计，这就是修心。

淡定是一颗佛心，淡定是一种修行，淡定是一层境界。

做到了淡定，我们就能坦然面对人生各种境遇。

佛家说："凡夫转境不转心，圣人转心不转境。"俗人喜欢改变环境，而圣人喜欢改变自己。如果你在生活中感到不适应，不要抱怨或试图改变别人，而是要首先改变自己，调整自己的心态。真正的佛就在心中，真正的佛就是自己内心中的善念和对世事的淡定。

人生处处可修行，修行不一定非要青灯古佛相伴。王维就是这样一个修行者，身在官场，心在世外。

王维，字摩诘，名字合一是维摩诘，而维摩诘是大乘佛教的居士，据说，王维是自己改的名，这名恰如其人，含了清淡的禅意。

王维，虽被尊为“诗佛”，却非不理俗事的高僧，他是一位扯不断红尘牵挂的修禅人。

王维少年得志，比起大多数为官人并称不上仕途坎坷，晚年更是官封尚书右丞，他不可能决然离去，但他毕竟是内心澄澈之人，官场给了他锦衣玉食的生活，也给了他厌倦与担心，他只好随俗浮沉，半官半隐。

王维的一生有明显的分界线，他高涨的热情在四十岁以前已经用完，四十岁后虽身在庙堂却避祸山林。他的山水田园诗在冲淡的心境里浮出水面，借历史的长河把一种恬淡的情绪传给了人间。他的诗清新自然、淡远脱俗。

王维能如此，只因他内心澄澈，心存禅念。虽身在官场，却不浑浊。他打破了出仕与入仕的界限，也打破了诗与画的界限。他本就是通达之人。他把画的精髓带进了诗歌的天地，又以诗歌的空灵烘托出了画的淡远。

“空山不见人，但闻人语响。”他的诗看似远离尘世，不食人间烟火，其实他是把人融入了山水，把人和物平等而视，一起融入了禅意。

王维是真正参禅的人，他的禅发自内心，融于万物，又收归心用。他已无需伴古佛、借木鱼、颂佛号来驱逐心中杂念，他已经做到了对世俗的淡定。

修心箴言：

俗人喜欢改变环境，而圣人喜欢改变自己。如果你在生活中感到不适应，不要抱怨或试图改变别人，而是要首先改变自己，调整自己的心态。真正的佛就在心中，真正的佛就是自己内心中的善念和对世事的淡定。

2. 学会洒脱，潇潇洒洒奔前程

“鲜花开了还会败，大树老了也会衰；没有一世的晴空，没有终生的畅快。总是艳阳过后有乌云，总是平坦之末有歧路；总是有笑又有哭，总是无邪过去是无奈。”我们又何必整天忧心忡忡地惶惶度日呢？

幸福还是痛苦，都凭你的感受。俗话说：“想开一点！”那我们又何必不真的想开一点，学会洒脱，潇潇洒洒地奔自己的前程呢？

“挥一挥衣袖，不带走一片云彩”是一种洒脱，借此诗意的挥洒，你便抛却了无尽的离愁。

“醉卧沙场君莫笑”是一种洒脱，借此浪漫主义的注入，你便走进了超越生命空间的殿堂。

“别人生气我不气，气出病来无人替”是一种洒脱，借此调侃的语气，你便远离了无绪的烦忧。

洒脱既可以说是一种外在行为方式，也可以被看作是一种内在的精神境界。

有这样一个人，他觉得生活很沉重，便去见哲人，寻求解脱之法。

哲人给他一个篓子背在肩上，指着一条沙砾路说：“你每走一步就捡一块石头放进去，看看有什么感觉。”那人照哲人说的去做了，哲人便到路的另一头等他。

过了一会儿，那人走到了头，哲人问他有什么感觉。那人说：“觉得越来越沉重。”哲人说：“这也就是你为什么感觉生活越来越沉重的道理。当我们来到这个世界上时，我们每人都背着一个空篓子，然而我们每走一步都要从这世界捡一样东西放进去，所以才有了越走越累的感觉。”

那人问：“有什么办法可以减轻这沉重吗？”

哲人问：“那么你愿意把工作、爱情、家庭、友谊哪一样拿出来呢？”

那人不语。

哲人说：“我们每个人的篓子里装的不仅仅是从这个世界上精心寻找来的东西，还有责任，当你感到沉重时，也许你应该庆幸自己不是总统，因为他的篓子比你的大多了，也沉多了。”

算起来，人最轻松的时候，一是出生时，一是死亡时。出生时赤条条而来，背的是空篓子；死亡时，则要把篓子里的东西倒得干干净净，又是赤条条而去。除此之外，一个人的一生，就是不断地往自己的篓子里放东西的过程。得了金钱，又要美女；得了豪宅，又要名车；得了地位，还要名声，生怕自己篓子里的东西比别人放得少，哪怕是如牛负重，心为形役，这又岂能不累？要想真不累，其实也容易得很，只消把背篓里的东西扔出去几样。可每往篓子外扔一件东西，我们都会心疼得流血。那就干脆换个思路，给自己找心理平衡。那么，当你感到生活篓子里的东西太重因而步履蹒跚的时候，你不妨再看看左邻右舍羡慕的眼光，看看他们同样也在拼命地往篓子里捡东西，你就得安慰自己，你装的东西多，是你的本事大，别人想装还装不了呢。

你还得明白，生活篓子里的东西越多，你的责任就越大。譬如说吧，你打算买一款名车，也就是说往篓子里放一件人人羡慕的宝贝，那么你在享受舒适的时候，责任也就来了：名车的花费肯定比一般小轿车要高，你对它被人觊觎、遭窃的担心也更大，你可能要经常处在不安的情绪中；但你与家人开车出门换来的无数羡慕的眼光，或许就是对你的弥补。

修心的人生幸福多——人生是场修行，你要学会修心

生活就是这样，你要想在篓子里多装东西，就得比别人更辛苦。既然样样都难以割舍，那就不要想背负的沉重，而去想拥有的快乐。

人要活出一点味道，活得有点境界，就得学会摆脱紧张。而摆脱紧张的最好办法就是来点洒脱。洒脱既可以说是一种外在的行为方式，也可以被看作是一种内在的精神境界。一个人要做到洒脱，首先就要调整好自己的心态，淡化功利意识。不要把自己的存在、自己的行为看得那么重要。不妨设想一下，这个世界离开了谁地球不也照转吗？人的功利意识或者说使命意识太强，相对来说，其精神负载就大，其压力就大，也就必然活得比别人紧张。但是，也有一种身负重任者却往往忙中偷闲。有的人即使担当天下大任，也能够表现出一种闲态，比如在军事活动频繁之时，诸葛亮仍旧羽扇纶巾，这是一种潇洒，也是一种能力。只有这种闲情逸致才能成就他们遇事不惊的本领。苏东坡为官时不也很有一番洒脱之情致吗？如果没有这种洒脱，不是你办事能力太低，就是你的私欲过重。

洒脱是一种高层次的人生态度，是一种心灵境界。洒脱是使你心灵田野丰收的养料，是使你浮游尘世的飞翼。现代人难以做到洒脱，但一定会崇尚洒脱。但是，洒脱不一定需要太多，只要有那么一点，就能使你获得生活的所有愉悦！

修心箴言：

生活就是这样，你要想在篓子里多装东西，就得比别人更辛苦。既然样样都难以割舍，那就不要想背负的沉重，而去想拥有的快乐。

3. 不欲以静，天下将自正

老子说“重为轻根，静为躁君”，“轻则失根，躁则失君”。

守静是防止轻率的根基，冷静是遏制躁动的主宰。轻举妄动就会给我们的工作带来危害，从而失去根本；不能把持住自己，鲁莽行事，就会导致事业的失败。

老子主张“静”，但并不是绝对地反对“动”，而是要适时而动。老子曰：“孰能浊以止？静之徐清。孰能安以久？动之徐生。保此道者不欲盈。”只有以达观的心态去顺应事物自身的发展规律，才能以静制动，以不变应万变；只有看准走势，不盲目从众，适时出手，才能动而稳妥，制而有效。而老子的这些主张，无疑就是告诉我们，要学会淡定。

一位老僧坐在路旁，双目紧闭，盘着双腿，两手握在衣襟之下，陷入沉思。

突然，他的冥思被打断。打断他的是将军嘶哑而恳求的声音：“老头！告诉我什么是天堂？什么是地狱？”

老僧毫无反应，好像什么也没听到。但渐渐地他睁开双眼，嘴角露出一丝微笑。将军站在旁边，迫不及待，有如热锅上的蚂蚁。

“你想知道天堂和地狱的秘密？”老僧说道，“你这等粗野之人，手脚沾满污泥，头发蓬乱，胡须肮脏，剑上铁锈斑斑，一看就知道没有好好保管，你这等丑陋的家伙，你娘把你打扮得像个小丑，你还来问我天堂和地狱的秘密？”

将军狠狠地骂了一句，“刷”地拔出剑来，举到老僧头上。他满脸怒气，脖子上青筋暴露，就要砍下老僧的人头。

利剑将要落下，老僧忽然轻轻地说道：“这就是地狱。”

霎时，将军惊愕不已，肃然起敬，对眼前这个敢以生命来教导他的老僧充满敬意。他的剑停在半空，他的眼里噙满了感激的泪水。

“这就是天堂。”老僧说道。

老僧的确能够沉得住气，在自己生命遇到危险时，依然能够平心静气地淡定面对，所以，他制服了那个不可一世的将军。试想一下，如果老僧沉不住气，与将军争执起来，或者对其不屑一顾，其结果会是怎样呢？

“喜怒通四时，与物有宜而莫知其极。”因为只有看透别人的内心，才能最有针对性地攻其心，而被人看透内心则比被人抓住命根子还要可怕，还要恐怖，犹如牛被抓住鼻子一样陷入被动，只能听命于人，受制于人了。

“世事沧桑心事定，胸中海岳梦中飞”。世界上虽沧桑变化，我心事定，无论你怎么变化，我心里有数。的确如此，古今中外，凡是伟人，定有遇事不慌、沉着淡定的特点，也只有这样，他们才能正确地判断局势，应变局势，取得成就。

1962年古巴导弹危机将整个世界拖到了爆发核战争的边缘。苏联在赫鲁晓夫的领导下，开始在古巴装备核导弹，那儿距离美国本土只有90英里。美国总统肯尼迪随即宣布要对古巴实施海上封锁。假如苏联当时接受这一挑战，此次危机很有可能升级为超级大国之间的一场倾巢而出的核战争。肯尼迪估计，发生这种情况的概率“介于13%~50%之间”。不过，经过几天的公开表态和秘密谈判，赫鲁晓夫最后还是决定避免正面冲突。

为了挽回赫鲁晓夫的面子，美国做了一些妥协，包括最终从土耳其撤走美国导弹。作为回报，赫鲁晓夫则下令拆除苏联在古巴装备的导弹，并且装运回国。

在这场剑拔弩张、令全世界的人的心悬到嗓子眼里的较量中，肯尼迪以其果断、坚韧，以其强大的心力，赢得了胜利。

其实，在那些日子里，肯尼迪紧张得几乎崩溃，如果赫鲁晓夫不肯退让，一场核战争似乎不可避免，其恶果简直就无法想象。

淡定的心态往往是成功的必要因素。一般来说，人们只要不是处在激怒、疯狂的状况下，都能保持自制并作出正确的决定。健康、正常的情绪，不仅平时给生活带来幸福、稳定、畅快，而且能在大难临头时，帮助你逢凶化吉，转危为安。

急躁的性格常能毁掉一个人，在平常状况下，大部分人都能控制自己的性格，也能作正确的决定。但是，一旦事态紧急，他们就自乱脚步而无法把持自己。

1936年9月7日，世界台球冠军争夺赛在纽约举行。路易斯·福克斯的得分一路遥遥领先，只要再得几分便可稳拿冠军了。就在这个时候，他发现一只苍蝇落在主球上，他挥手将苍蝇赶走。可是，当他俯身击球的时候，那只苍蝇又飞回到主球上，他在观众的笑声中再一次起身驱赶苍蝇。这只讨厌的苍蝇破坏了他的情绪，而且更为糟糕的是，苍蝇好像是有意跟他作对，他一回到球台，它就又飞回到主球上来，引得周围的观众哈哈大笑。路易斯·福克斯的情绪恶劣到了极点，他终于失去了理智，愤怒地用球杆去击苍蝇，球杆碰到了主球，裁判判他击球，他因此丢了一轮机会。路易斯·福克斯方寸大乱，连连失利，而他的对手约翰·迪瑞则愈战愈勇，终于赶上并超过了他，最后夺走了桂冠。

由此可见，无论什么时候，淡定都是解决问题的关键，失去淡定的心态，再有能力的人也难以避免失败的结局。

修心箴言：

处理任何事情，都应冷静观察，谨慎从事，而不应自乱阵脚，蛮干妄动。老子曰："不欲以静，天下将自正。"即只要我们自身守静无为，天下就会相安无事。

4. 失业不可怕，淡定闯天下

在职场生涯中，失业恐怕是很大的噩耗了。对于很多人而言，工作如同婚姻一样，秉承一生就一次的原则，所以当事业上亮起红灯的时候，他们或许会突然之间接受不了这样的打击，甚至觉得自己对于社会已经没有价值，便有了轻生的想法。这些想法听起来或许很可笑，而事实上，很多人确实存在这样的情况。那么，面对这样的问题，到底该怎么办呢？

首先，确定失业的原因，才能有的放矢，解决问题。失业这个现象，整体上而言，是一个社会问题，而这个社会问题与失业者的个人素质也息息相关。失业是市场经济竞争体制下不可避免的一个现象。能者居之，优胜劣汰。当你失业了，不要做无意义的哭泣或是酗酒，要冷静下来想一想，为什么失业的是自己？为什么同事某某没有遭受这样的悲剧？答案或许很容易就能得出来：因为对方比自己适应这个竞争过程，对方的优点保住了他的工作，而自己恰恰缺少这样的技能。了解到这一点，或许就是你人生的转折点，因为这次失业，让你更明白了一些道理。

事实上，失业并不可怕，可怕的是失业之后你的恐惧，害怕自己无所事事，终成废人。失业就等于把人生枪毙吗？当然不是，正确地看待失业，重整旗鼓，从头再来，迎接你的或许就是辉煌。

失业的人心情肯定会受到影响，悲伤几天是可以的，但是不可以从此悲观。失业以后最重要的是情绪的调节，利用失业以后的空闲，可以给自己放一次较长的假，你可以利用它去完成你旅游的夙愿，利用它去拜访一些故友，利用它去完成一次技能培训等等，好好地给身体和心灵做个温泉SPA，或者给头脑做一次充电储备。或许你应该感谢这次失业，它给了你时间恢复一下体能，健康对于谁都是重要的，人生数年，我们没有任何理由因为所谓的工作而毁掉我们的身体。健康的生命才是最重要的，对吗？

因为失业，我们才能鼓起拼搏的念头，拥有从头再来的机会。平日的忙碌，或许蒙蔽了我们的双眼，我们总在赶路，却忘记了停下来问问自己：我在做什么？这份工作真的适合我吗？因为这份从事了若干年的工作，我们或许已经产生了惯性，所以我们忘记了自己的优点，忘记了自己的爱好，也因此错过了很多更值得我们去追求、更适应我们的工作。天涯何处无芳草，何必单恋一枝花？我们墨守着曾经的工作，忘记了我们的身外还有更美丽的花园。失去一份工作并不是失去整个人生。失业给了我们一个思考的空间和时间，我们应该冷静下来思考自己，分析自己：我是谁？我适合做什么？我的优点是什么？我的缺点是什么？我需要哪些技能而现在却没有具备？思考是重要的，没有思考而盲目地去寻找新工作将再次出现失业的现象。

从失业的经历中我们应该吸取到教训，应该变得更勇敢、更理智、更了解自己。敢闯敢拼，勇于从头再来是失业以后最正确的选择。社会是一个很大的空间，它给予我们的不是一个小小的位置，而是一片广阔的天空。如果你因为失去了太阳而哭泣，那么你还会失去月亮和满天的星星。要肯定自己的价值，相信自己的能力，同时给自己拼搏的勇气。因为失业，我们有了更大的发展空间，我们或许是那只离开了鸡窝方能展翅飞翔的老鹰。

失业是痛苦的。对于工作，或许我们也付出过努力，投入过感情，可是这并不代表我们就将一生拴在了它上面。记住，我们是工作的主人，绝对不是它的奴隶。失去一份工作或许有更美好的空间在前方等待。失业不过是人生旅途中再微小不过的一个挫折，你要是被它打败，那么你的生命之路就无法前行。失业之后关键是要及时整理心情，做好充分的接受挑战的准备。外面的世界依然那么精彩，依然充满了挑战和机遇，失业后的你做好了从头再来的准备了吗?

修心箴言：

失业给了我们一个思考的空间和时间，我们应该冷静下来思考自己？分析自己：我是谁？我适合做什么？我的优点是什么？我的缺点是什么？我需要哪些技能而现在却没有具备？思考是重要的，没有思考而盲目地去寻找新工作将再次出现失业的现象。

5. 营造轻松心态，淡定面对世事

我们不能改变既定事实，但可以改变面对事实，尤其是坏事的态度。

有些年轻人仅仅因为打翻了一杯牛奶或轮胎漏气就神情沮丧，失去控制。这不值得，甚至有些愚蠢，但这种事不是天天在我们身边发生吗？这里有一个美国旅行者在苏格兰北部过节的故事。这个人问一位坐在墙角的老人："明天天气怎么样？"老人看也没看天空就回答说："是我喜欢的天气。"旅行者又问："会出太阳吗？""我不知道。"他回答道。"那么，会下雨吗？""我不想知道。"这时旅行者已经完全被搞糊涂了。"好吧，"他说，"如果是你喜欢的那种天气的话，那会是什么天气呢？"老人看着美国人，说："很久以前我就知道我没法控制天气了，所以不管天气怎样，我都会喜欢。"

由此可见，别为你无法控制的事情烦恼，你有能力决定自己对待事情的态度。如果你不控制它，它就会控制你。

所以别把牛奶洒了当做生死大事来对待，也别为一只瘪了的轮胎苦恼万分，既然已经发生了，就当它们是你的挫折。但它们只是小挫折，每个人都会遇到，你对待它们的态度才是重要的。不管此时你想取得什么样的成绩，不管是创建公司还是为好友准备一顿简单的晚餐，事情都有可能会弄砸了。如果面包放错了位置，如果你失去一次升职的机会，预先把它们考虑在内吧，否则的话，它们会毁了你取胜的信心。

当你遭遇了挫折，就当是付了一次学费好了。

1985年，17岁的鲍里斯·贝克作为非种子选手赢得了温布尔登网球公开赛冠军，震惊了世界。一年以后他卷土重来，成功卫冕。又过了一年，在一场室外比赛中，19岁的他在第二轮输给了名不见经传的对手，被杀出局。在后来的新闻发布会上，人们问他有何感受，以在他那个年龄少有的机智，他答道："你们看，没人死去——我只不过输了一场网球赛而已。"

他的看法是正确的：这只不过是场比赛。当然，这是温布尔登网球公开赛；当然，奖金很丰厚。但这并不是生死攸关的事。

如果你发生了不幸的事——爱情受阻，或生意不好，或者是银行突然要你还贷款——你就能够——如果你愿意的话，用这个经验来应付它们。你可以把它们记在心里，就好像带着一件没用的行李。但如果你真要保留这些不快的回忆，记住它们带给你的痛苦，并让它们影响你的自我意识的话，你就会阻碍自己的发展。选择权在你自己：只把坏事当成经验教训，把它抛在脑后吧。换句话说，丢掉让自己情绪变坏的包袱。

一个人行事的成功与否，除了受思想、意志所支配的因素外，还有一个不可忽视的力量——天命。

曾经说过"五十而知天命"这句话的孔子，周游列国到"匡"这个地方时，有人误认他是鲁国的权臣阳虎，而把他围困起来，想陷害他。那时孔子的学生都非常恐慌，倒是孔子泰然地安慰他们说："我继承了古代圣贤的大道，传播给世人，这是遵奉上天的旨意。假使上天无意毁灭中国文化，那么匡人对我也就无可奈何了。你们大家不必为这事担心。"后来匡人终于弄清楚了孔子不是阳虎，而使孔子渡过了危难。

所以，当自己已经尽力，可因为个人无法控制的所谓"天命"而使事情变糟时，恐慌、着急、悔恨都无济于事，何不像孔子那样坦然面对——

修心的人生幸福多——人生是场修行，你要学会修心

清除看似天经地义的坏心情，营造自己的轻松心态，因为人生中的机遇不会仅此一次。

修心箴言：

别为你无法控制的事情烦恼，你有能力决定自己对事情的态度。如果你不控制它，它就会控制你。

修心

6. 控制好情绪，莫轻易发怒

古人说："大怒不怒，大喜不喜，可以养心。"不以物喜，不以己悲，这才是有修养的人的作为。

要在社会中安身立命，如果太轻易暴露自己的情感则容易受到伤害，人应该学会保护自己。不同的人有不同的对人对事的态度，掌握一定权力的人，把自己的喜怒经常流露给下级，下级则会投其所好，而掩盖事物真正的本质。普通人过于直接地表露自己的喜怒，则显得为人肤浅，也容易开罪于人。所以要忍耐住自己的情感，不要过多地暴露出来，这也是让我们的生活少一些麻烦，多一些安稳的方法。

清代的林则徐曾手书"制怒"两个大字作为条幅，悬于室内，以提醒自己忍耐怒气的产生，抑制发怒。

愤怒不忍，泄怒于他国，则会引发战争。战争一旦发生，带来的恶果是没有人能够预料的。在社会中，仇怒争执会导致上下级关系破裂，同事关系紧张。在家庭中，愤怒既出，会招致父子相杀，兄弟争斗，夫妻反目，使家庭失去欢乐和人伦之道。所以必须学会克制自己的愤怒，努力化解他人的怒气，与人和睦相处。

但是人与人相处的时候，彼此由于个性、地位的差异，发怒的事也是常有的。

身居高位的人，凡事不能容忍，动辄发怒，那么就会诿过于下面的人；如果在下位的人，不顾礼义，却逞强发怒，一定会冒犯上位的人。只要有一方不知道制怒，而轻易发作的话，后果都是会贻害更多的人。

深谙兵法的诸葛亮，曾巧妙地利用怒计激怒周瑜，实现了孙刘联合抗曹的计划，也为三国鼎立奠定了基础。周瑜为人气量狭小，本就容易致怒，而又不知忍怒不发，所以才能被诸葛亮利用。

东汉建安十三年（208年），曹操亲率号称八十万的大军，沿长江摆开阵势，想一举拿下东吴，实现他统一天下的夙愿。面对强敌压境，东吴众臣有主战的，也有主降的，弄得吴主孙权也不知该何去何从。诸葛亮为了实现他在隆中时对天下形势的分析，造成三国鼎立的局面，巩固孙刘联盟，便自告奋勇地去江东游说孙权，共同抗击曹操。

来到东吴以后，他知道周瑜是东吴举足轻重的人物，只有说服了周瑜，才能坚定孙刘抗曹的决心。

此时的周瑜，虽心存抗曹的念头，可在诸葛亮面前故作深沉，不露痕迹，同时也想试探诸葛亮，故而谈及抗曹之事，周瑜总是以言语搪塞。足智多谋的诸葛亮便针对周瑜气量狭小，故意曲解曹植的《铜雀台赋》中的两句话，激起周瑜对曹操的满腔怒火，痛下不灭曹操誓不为人的决心。

一天晚上，鲁肃引诸葛亮会见周瑜。鲁肃问周瑜："今曹操驻兵南侵，是战是和，将军欲如何？"周瑜说道："曹操挟天子以令诸侯，难以抗命。而且，兵力强大，不可轻敌。战则必败，和则易安，我的意见是和为上策。"鲁肃大惊道："将军之言错啦！江东三世基业，岂可一朝白白送给他人？"周瑜说道："江东六郡，千百万生命财产，如遭到战祸之毁，大家都会责备我的，因此，我决心讲和为好。"诸葛亮听完东吴文武两大臣的一段对话，觉得周瑜若不是抗曹的决心未定，也是一种有意试探，此时如果不另辟蹊径，只是讲一通孙刘联合抗曹的意义，或是夸耀周瑜盖世英雄，东吴地形险要，战则必胜的道理，肯定难以奏效。于是，他巧用周瑜执意求和的“机缘”，编出一段故事，激怒了周瑜。

诸葛亮说道：“我有一条妙计，只需差一名特使，驾一叶扁舟，送两个人过江，曹操得到那两个人，百万大军必然卷旗而撤。”周瑜急问是哪两个人。诸葛亮说道：“曹操本是一名好色之徒，打听到江东乔公有两位千金小姐，大乔和小乔，长得美丽动人，曹操曾发誓说：‘我有两个志向，一是要扫平四海，创立帝业，流芳百世；二是要得到江东二乔，以娱晚年。’目前曹操领兵百万，进逼江南，其实就是为乔家的两位千金小姐而来的。将军何不找到乔公，花上千两黄金买到那两个女子，差人送给曹操？江东失去这两个人，就像大树飘落一两片黄叶，如同大海减少一两滴水珠，丝毫无损大局；而曹操得到这两个人必然心满意足，欢欢喜喜班师回朝。”周瑜问道：“曹操想得到大乔和小乔，有什么证据说明这一点呢？”诸葛亮答道：“有诗为证。曹操的小儿子曹植，十分会写文章，曹操曾在漳河岸上建造了一座铜雀台，雕梁画栋，十分壮丽，并挑选许多美女安置其中，又令曹植作了一篇《铜雀台赋》。文中之意就是说他会做天子，立誓要娶‘二乔’。”周瑜问：“那篇赋是怎么写的，你可记得？”诸葛亮说道：“因为我十分喜爱赋中文笔华丽，曾偷偷地背熟了。”接着就朗诵起来：“从明后而嬉游兮，登层台以娱情……临漳水之长流兮，望园果之滋荣。立双台于左右兮，有玉龙与金凤。揽‘二乔’于东南兮，乐朝夕之与共。”

周瑜听罢，勃然大怒，霍地站立起来指着北方大骂道：“曹操老贼欺我太甚！”诸葛亮表面上是急忙阻止，其实是火上浇油，说道：“都督忘了，古时候单于多次侵犯边境，汉天子许配公主和亲，你又何必可惜民间的两个女子呢？”周瑜说道：“你有所不知，大乔是孙策将军的夫人，小乔就是我的爱妻！”诸葛亮佯作失言，请罪道：“真没想到是这回事，我真是胡说八道了，该死该死！”周瑜怒道：“我与曹操老贼势不两立！”诸葛亮却故作姿态地劝道：“请都督不可意气用事，望三思而后行，世上绝无卖后悔药的。”周瑜说道：“我承蒙伯符重我，岂有屈服曹操之理？我早有北伐之心，就是刀剑架在脖子上，也不会变卦的。劳驾先生助我一臂之力，同心合力共破曹操。”于是孙、刘结成的抗曹联盟得到巩固，赢得了赤壁之战的重大胜利。

诸葛亮首先了解到周瑜的气量比较窄，容易被人激怒；再者，他也知道，大丈夫连自己的妻子都不能保全，是人生的一大耻辱，周瑜绝不会忍受这样的耻辱。尽管这一切不过是诸葛亮假借曹操的诗赋牵强附会的一说，却达到了激怒周瑜联合抗曹的目的。

如今，我们且不说周瑜答应联合抗曹之事是好是坏，单就周瑜因为一时之怒被人利用一事就可发人深省。虽然现在是文明社会，但却并不是一个完全充满友善和美好的社会，激烈的竞争处处存在，尔虞我诈之事也是常有。如果你不能很好地控制自己的情绪，轻易就被激怒，说不定你就成了别有用心者利用的对象了呢。到那时，你就可能深陷麻烦之中无法脱身了。所以，要随时控制自己的情绪，不要轻易发怒，遇事一定要淡定，这种能力是要积极培养和锻炼的，有了这种能力，我们才能更加自如地应对眼前的生活。

修心箴言：

身居高位的人，凡事不能容忍，动辄发怒，那么就会诿过于下面的人；如果在下位的人，不顾礼义，却逞强发怒，一定会冒犯上位的人。只要有一方不知道制怒，而轻易发作的话，后果都是会贻害更多的人。

7. 无论境遇如何，都要保持镇定

在任何环境、任何情形之下，都要保持一个清醒的头脑，保持正确的判断力，这样无论什么境况，你都可以淡定应对了。在人家失掉镇静、手足无措时，仍保持着镇静；在旁人做着可笑的事情时，仍然保持着正确的判断力，能够这样做的人才是真正的杰出人物。

一个易于慌乱、一遇意外事故便手足无措的人，必定给人懦弱的印象。这种人一旦遇到重大的困难，便不足以交付重任。只有遇到意外情况不紊乱、不慌张的人，才能担当起大事。

在很多机构中，常见某位能力平平、业绩也不出众的雇员担任着重要的职位，他的同事们便感到惊异。但他们不知道，雇主在选择重要职位的人选时，并不只是考虑职员的才能，更要考虑到头脑的清晰、性情的敦厚和判断力的健全，也就是说，他是否有淡定应事的能力。他深知，自己企业的稳步发展，全赖于职员的办事镇定和良好的判断力。

一个淡定的人，不会因境地的改变而有所动摇。经济上的损失、事业上的失败、艰难困苦都不能使他失去常态，因为他是头脑镇静、信仰坚定的人。同样，事业上的繁荣与成功，也不会使他骄傲轻狂，因为他安身立命的基础是牢靠的。

在任何情况下，做事之前都应该有所准备，要脚踏实地、未雨绸缪，这些是保证你淡定行事的关键。否则，一到困难临头，便要慌乱起来。当人家都慌乱，而你能保持镇定之时，这就给予了你极大的力量，你就具有了很大的优势。在整个社会中，只有那些处事镇定，无论遇什么风浪都不慌乱的人，才能应付大事、成就大事。而那些情绪不稳、时常动摇、缺乏自信、危机一到便掉头就走、一遇困难就失去主意的人，只能过一种庸庸碌碌的生活。

海洋中的冰山，在任何情形之下都不为狂暴风浪所倾覆，乃是我们绝好的榜样。无论风浪多么狂暴，波涛多么汹涌，那矗立在海洋中的冰山，仍岿然不动，好像没有被波浪撞击一样。这是为什么呢？原来冰山庞大体积的7/8都隐藏在海平面之下，稳当、坚实地扎在深海中，这样就不能为水面上波涛的撞击力所撼动。冰山在水底既然有巨大的体积，当狂暴的风浪去撞击水面上的冰山一角时，冰山丝毫不动，那也就不足为奇了。

许多才华横溢的人常常把事情办糟，这是因为判断力的低下。因为判断力的缘故，妨碍了他们一生的前程，使得他们的前程好像弯曲的江河一样，无法远流到海洋中去。

一个人一旦有了头脑不清楚、判断力不健全的败名，那么往往终其一生都难以取得事业上的发展，因为他无法赢得其他人的信任。

如果你想做个能得到他人信任的人，就要让别人感到你“万事皆从容”的状态，那么你一定要努力做到头脑清醒，判断力准确。很多人做事时，尤其是做琐屑的小事时，往往敷衍了事。本来应该做得好些，可是他们却随随便便，这样无异于减少他们成为淡定之人的可能性。还有很多人有了困难，往往不加以周密的判断，却总是贪图方便草率了事，使困难不能得到圆满的解决。

如果你能常常迫使自己去做你认为应该做的事情，而且竭尽全力去做，不受制于自己那贪图安逸的惰性，那么你的品格与判断力必定会大大地增进，而你也必然会成为一个受欢迎的人。

修心箴言：

在整个社会中，只有那些处事镇定，无论遇什么风浪都不慌乱的人，才能应付大事、成就大事。而那些情绪不稳、时常动摇、缺乏自信、危机一到便掉头就走、一遇困难就失去主意的人，只能过一种庸庸碌碌的生活。

卷六
得失随缘，修一颗淡泊心

人生如茶，我们需要的是淡淡地品味生活，品味人生，以淡泊超然的心境去看待名利，看待现实，才不至于掉入欲壑难填的物质追求之中。当生命的价值融入社会和大众，得和失就变得不那么重要了。学会淡泊，拥有一个平静的心境，让自己的灵魂恢复平静，便会在平静中幸福而愉悦，激荡的心田也会如湖泊般宁静。

1. 淡泊名利是人生幸福的重要前提

一个人如果具备了看淡名利的人生态度，那么面对生活，他就会多一份包容，也就更易于找到乐观的一面。他所看到的是人生值得讴歌的部分，而对于有损他利益的事情就会看得不在意，对可望而不可即的空中楼阁就更是没有兴趣。现代人面对着花花绿绿的精彩世界，更应当有淡名寡欲的思想，如此方能在纷繁的世界里，在自己的心中构筑一片宁静的田园。

有一个扫地和尚的故事。说的是一座县城里，有一位老和尚，每天天蒙蒙亮的时候，就开始扫地，从寺院扫到寺外，从大街扫到城外，一直扫出离城十几里。天天如此，月月如此，年年如此。小城里的年轻人，从小就看见这个老和尚在扫地。那些做了爷爷的，从小也看见这个老和尚在扫地。老和尚虽然很老很老了，就像一株古老的松树，不见其再抽枝发芽，可也不再见其衰老。

有一天，老和尚坐在蒲团上安然圆寂了，可小城里的人谁也不知道他活了多少岁月。过了若干年，一位长者走过城外的一座小桥，见桥石上镌着字，字迹大都磨损，老者仔细辨认，才知道石上镌着的正是那位老和尚的传记。根据老和尚遗留的度牒记载推算，他享年137岁。

据说军阀孙传芳部队有一位将军在这小城扎营时，突然起意要放下屠刀，恳求老和尚收他为佛门弟子。这位将军丢下他的兵丁，拿着扫把，跟在老和尚的身后扫地。老和尚心中自是了然，向他唱了一首偈：

扫地扫地扫心地，

心地不扫空扫地。

人人都把心地扫，

世上无处不净地。

有人说这是传说，也有人说这是真事，有无此事并不重要，此事却能使人悟出平淡对人心清净的重要。

现代人也许会讥笑这位老和尚除了扫地，扫地，还是扫地，生活太平淡、太清苦、太寂寞、太没趣。其实这位老和尚就是在这平淡中，给小城扫出了一片净土，为自己扫出了心中的清净，扫出了137岁高寿，谁能说这平淡不是人生智慧的提炼？

要能够在纷繁的大千世界始终保持着平和的心态，就要有穷通达观的人生态度。所谓穷通达观的人生态度，就是指“穷亦乐，通亦乐”：身处贫穷之中能够找到生活的乐趣，感到快乐；身处富裕之中也能够心态平和，享受生活之乐。说到底，在生活中我们应该始终保持乐观的生活态度，采取一种顺应命运、随遇而安的生活方式，那么不管是处于顺境还是逆境，我们都能宽厚地对待一切，过快乐的、自由自在的生活而不会庸人自扰，不会羡慕那些有钱的大款和老板，不会抱怨自己的命不好。

而大多数人都有着很盛的物欲，难以做到上面所说的那样。法国哲学家卢梭曾经说：“十岁时被点心、二十岁被恋人、三十岁被快乐、四十岁被野心、五十岁被贪婪所俘虏。人到什么时候才能只追求睿智呢？”人心不能清净，是因为物欲太盛。人生在世，不能没有欲望。除了生存的欲望以外，人还有各种各样的欲望，欲望在一定程度上是促进社会发展和自我实现的动力。可是，欲望是无止境的，尤其是现代社会，物欲更具诱惑力，如果管不住自己的欲望，放任它，就必然会给人带来痛苦和不幸。

修心的人生幸福多——人生是场修行，你要学会修心

一天，朋友路遇一位老同学。这位老同学现在是某公司的总经理，他递给朋友一张印制精美的名片，名片上称自己是“自由人”，朋友问他何故要给自己加上这么个头衔，他说：“我现在离了婚，无牵无挂，在公司里我说了算，在外面可以随心所欲。”他的话音刚落，包里的手机就响了。他掏出手机听了不大一会儿，脸色骤变，匆匆向朋友告辞说：“有人把我告了，我得马上到工商局去一趟。”

朋友这时想起一句名言：“一个人自由不自由，不在于随心所欲，而在于能时时顺心尽意。”这位老同学虽然有权有钱，可以随心所欲，但这一切并不等于自由。朋友猜想，别人告他，除了诬陷之外，八成与他自己“随心所欲”有关。

哲人说：“人的自由并不仅仅在于做他愿意做的事，而在于永远做他不愿做的事。”这句话提醒人们，任何自由都是有限度的，有规则的。有了行为的不自由，才能获得精神上的真正自由。精神自由的人，大多能淡泊处世，保持一种宁静的超然心境。做起事来不慌不忙、不躁不乱、井然有序，面对外界的各种变化不惊不惧、不愠不怒、不暴不躁。面对物质引诱，心不动，手不痒。没有小肚鸡肠带来的烦恼，没有功名利禄的拖累。活得轻松，过得自在。白天知足常乐，夜里睡觉安宁，走路感觉踏实，蓦然回首时没有遗憾。人体的神经系统常处于一种稳定、平衡、有规律的正常状态，这才是心灵的最大舒展。

我们再看看那些拒绝平淡者，他们管不住自己的物欲，有的丢了性命，有的当了囚犯，有的虽然侥幸没有被检举揭发出来，但他们整天心惊胆战，心里失去了自由。

在追名逐利唯恐不及的时候，不要小瞧这不起眼的平淡的心态，它能抗拒诱惑，帮你事业有成。有了它，你能够彻悟人生的真谛，进入宁静致远

的人生境界，恬淡适然，不急不躁。这时你会发现，人生真正的意义并不在于追名逐利。平淡生活、保持心境平和未尝不是一种更好的生活方式。

一对夫妻年轻时共同创业，到了中年终于小有成就，公司净资产一千多万，而且发展势头良好，提起这对夫妻档，商界的朋友都伸大拇指。然而就在他们的事业如日中天的时候，两人却隐退了，他们辞去了董事长、总经理的位置，将大部分股份卖给一个他们平时就很欣赏的企业家，将房子和车委托给好朋友照管，两个人就潇洒地环游世界去了。消息传出后，大家都觉得太可惜，一些亲戚朋友也不理解，讽刺他们说："年纪这么大了，办事却像小孩子一样，那么大的家业说丢就丢，放着好好的老总不做，偏要去环游世界！"

在一些人眼里，这对夫妻确实很傻，竟然抛下名利，从此以后，他们再也体验不到当老总前呼后拥的风光，大把大把赚钱的乐趣了。其实，这对夫妻自有他们对生活的理解和选择，他们抛弃了虚名浮利去感受生活的真正乐趣。

名，是一种荣誉，一种地位。有了名，通常可以万事亨通、光宗耀祖。名这东西确实能给人带来诸多好处，因而，不少人为了一时的虚名所带来的好处，会忘我地去追求。

然而，沉溺于名会让你找不到充实感，让你倍感生活的空虚与落寞。尤为可怕的是，虚名在凡人看来往往闪耀着耀眼的光芒，引诱你去追逐它。尽管虚名本身并无任何价值可言，也没有任何意义，但总有那么一些人为了虚名而展开搏杀。真正体会到生命的意义、人生的真谛的人都不会看重虚名。其实，实在没有必要为了得到一个毫无价值、毫无意义的虚名而去勾心斗角，弄得邻里打得头破血流，朋友反目成仇，兄弟自相残杀。

钱，是一种财富，是让生活更加舒适的保证。有了钱，就可以住豪宅，开名车，吃大餐，在一些人眼里，金钱甚至是一种带有魔力的，可以让人为所欲为的东西。

然而任何事情都有相反的一面，金钱也会给你带来很多麻烦。比如有了钱以后，你就得为自己的安全担忧，谁知道哪个家伙是不是正打着“劫富济贫”的算盘；有了钱，你就会失去很多朋友，你可能会担心对方是不是冲着你的钱来的……

人的一生面临许多关卡，许多事情都是难以预料的。不管是名分地位还是财富，都不是自己所能决定的。或许高官厚禄、巨额钱财在顷刻之间就会离你而去，荣耀风光成为黄粱一梦；一些人老谋深算，为了争名夺利，不择手段地算计他人，可在突然之间却已被他人算计。人何必活得这么辛苦，又何必活得这么低贱？因此，淡泊名利是人生幸福的重要前提。如果你渴望轻松，渴望真正地获得生命的意义，那么就请摆脱名利之心，用包容、淡泊、平和之心去对待生活。

修心箴言：

人生在世，不能没有欲望。除了生存的欲望以外，人还有各种各样的欲望，欲望在一定程度上是促进社会发展和自我实现的动力。可是，欲望是无止境的，尤其是现代社会物欲更具诱惑力，如果管不住自己的欲望，任它随心所欲，就必然会给人带来痛苦和不幸。

2. 不去攀比，生活才会有更多的快乐

激情绽放的紫罗兰遭遇了粗鲁的践踏，然而，它却将芬芳留在了那双脚上，这就是接受的智慧。紫罗兰的回馈留给人们深刻的记忆。包容生活，在失去的时候想一想自己至少还拥有生命，拥有好多美好的东西，这样心胸才能豁达，生活才有意义。

露西莉·布莱克讲述了自己的如下经历：

“我的生活一直非常忙乱，在亚利桑那大学学风琴，在城里开了一所语言学校，还在我所住的沙漠柳牧场上教音乐欣赏的课程。我参加了许多大宴小酌、舞会和在星光下骑马。有一天早上我整个垮了，我的心脏病发作。‘你得躺在床上完全静养一年。’医生对我说。他居然没有鼓励我，让我相信我还能够健壮起来。

“在床上躺一年，做一个废人，也许还会死掉，我简直吓坏了。为什么我会碰到这样的事情呢？我做错了什么？我又哭又叫，心里充满了怨恨和反抗。可我还是遵照医生的话躺在床上。我的一个邻居鲁道夫先生，是个艺术家。他对我说：‘你现在觉得要在床上躺一年是一大悲剧，可是事实上不会的。你可以有时间思想，能够真正地认识你自己。在以后的几个月里，你在思想上的成长，会比你这大半辈子以来多得多。’我平静了下来，开始想充实新的价值观念。我看过很多能启发人思想的书。有一天，我听到一个无线电新闻评论员说：‘你只能谈你知道的事情。’这一类的话我以前不知道听过多少次，可是现在才真正深入到我的心里。我决心只想那些我希望能赖以生活的思想——快乐而健康的思

修心

想。每天早上一起来，我就强迫自己想一些我应该感激的事情：我没有痛苦，有一个很可爱的女儿，我的眼睛看得见，耳朵听得到，收音机里播放着优美的音乐，有时间看书，吃得很好，有很好的朋友，我非常高兴，而且来看我的人很多。

“从那时候开始到现在已经有九年了，我现在过着很丰富又很生动的生活。我非常感激躺在床上度过的那一年，那是我在亚利桑那州所度过的最有价值、也最快乐的一年。我现在还保持着当年养成的那种习惯：每天早上算算自己有多少得意的事，这是我最珍贵的财产。”

你也可以每天早上算算自己有多少得意的事。对自己所拥有的感到满足，不为缺少的而忧虑，这样就容易使自己快乐起来。

在对待金钱和地位上，也是同样的道理。一年赚六万的人如果要采用一年赚十万块钱的人的标准，结果一定是失落感笼罩，而非满足感萦绕。如果人人都和洛克菲勒比较，我们的社会一定比现在更动荡不安，许多人也会终生不满，生活在痛苦的深渊里。

这些不知足者的原因在于心理不平衡。他们通常小时候没有得到足够的爱，又深受贫穷所苦。他们专心一意追求金钱和往上爬，以填补“情绪的缺口”，可是再多的汽车、衣服或现金，却怎么也填补不了心灵的无底洞。另一种造成这种心理不平衡的原因是：价值观扭曲。有些人从小被谆谆教诲：有钱是老大，没钱靠边站；唯有钱是力量。在经典之作《什么让山米跑》一文中，山米是一个典型的美国穷人，他对钱永不知足，因为他一向被灌输的人生目标就是赚大钱。在力争上游的过程中，他感到生命空虚，觉得自己的一生就像一部在真实世界里不断上演的通俗剧。

每个社会阶层都有他们本身的期望层次。举例来说，隶属那70%满意型金钱风格的人，住在一间价值八万美元的房子里，就觉得很快乐。而如果是不满足型的金钱风格，他的期望层次就会不断升高：可以负担得起15

万美元的房子时，眼睛已经看到20万美元；拥有20万美元的房子时，30万美元的又已成为“必需品”。任何经济阶层中，期望层次不断上升都是刺伤不满意者的利刃，而固定和符合身份的期望层次，则是满意型金钱风格者常保快乐的护身符。

有人为了调查而去拜访了居住在洛杉矶有名的“坏区”瓦兹（洛杉矶黑人暴动中心之一）的居民。他们共25位，全是黑人，贫穷且社会地位低下。谈话中，调查人故意煽火，引他们谈社会阶级问题。他问：“似乎你们对自己的经济状况相当满意。你们对附近比弗利山庄里面那些要什么有什么的有钱人，不觉得气愤吗？”

这些瓦兹居民大多表现得没什么怒火，他们满意自身状况，几乎从来没有去想过那些拥有高社会地位的邻市居民，那是另一个世界，而他们只关心自己所属的世界。说到有没有钱的时候，提到的是邻家的“弟兄们和姊妹们”。统计他们的金钱风格，七成满意，分散在知足常乐型、量力而为型和冷静挣钱型。

虽然贫富不均，但生活在属于自己的圈子里，贫穷人还是愉快地接受了，因为他们不攀比，才有可能让快乐自然涌动。

面对生活，我们要有淡泊之心，对拥有的一切感到满足，用积极的态度面对人生，这样就能获得宁静与平和，从容而快乐的生活。

修心箴言：

面对生活，我们要有淡泊之心，对拥有的一切感到满足，用积极的态度面对人生，这样就能获得宁静与平和，从容而快乐的生活。

3. 世上有比钱财更重要的东西

很多人一辈子都在忙碌奔波，为了名誉、金钱，最终他们得到了，却失去了更宝贵的东西，那就是健康、青春，甚至生命。这样的人生毫无快乐可言。人活着，最重要的是心灵能够得到自由和快乐，这就需要一颗淡泊的心，在面对世俗和名利时，不受外界的影响，能够珍惜自己所拥有的一切，这才是真正的富有。

一对男女步入了婚姻的殿堂，在甜蜜的爱情高潮过去之后，他们开始面对日益艰难的生计。妻子整天为缺少金钱而忧郁，闷闷不乐。有钱才能买更大一点的房子，买家具家电，才能吃好的穿好的。可是他们的钱太少了，少到只能维持最基本的日常开支。

她的丈夫却是一个很乐观的人，他不断地寻找机会开导妻子。

有一天，他们去医院看望一个朋友。朋友说，他的病是累出来的，常常为了挣钱不吃饭不睡觉。回到家里，丈夫就问妻子："下次如果给你很多的钱，但同时让你跟他一样躺在医院里，你要不要？"妻子连想都没有想，说："不要。"

过了几天，他们去郊外散步，他们经过的路边有一栋漂亮的别墅，从别墅里走出一对白发苍苍的老者。丈夫又问妻子："假如现在就让你住上这样的别墅，不过同时你得变得跟他们一样老，你愿意吗？"妻子不假思索地回答："我才不愿意呢！"

有一天，新闻报道说，他们所在的城市破获了一起重大团伙抢劫案，这个团伙的主犯抢劫现钞超过100万，被法院判处死刑。罪犯押赴刑场的那一天，丈夫对妻子说："假如给你100万，让你马上去死，你干不干？"妻子生气地说："你胡说些什么呀？给我一座金山我也不干！"丈夫笑了："这就对了。你看，我们原来是这么富有：我们拥有生命，拥有青春和健康，这些财富已经超过100万，我们还有靠劳动创造财富的双手，你还愁什么呢？"妻子把丈夫的话细细地咀嚼品味了一番，也变得快乐起来。

人的财富不仅仅是钱财，它的内涵丰富。钱财之外还有很多很多，还有比钱财更重要的东西。如果你在金钱与健康之间选择一样，你会选择哪一样呢？金钱是重要，但没有了健康的身体，即使有再多的钱，也无福消受。打个比喻，如果你有胃病，但让你去享用一桌价值200万元的宴席，面对着满桌子山珍海味、美味佳肴，可因为你的胃病，你根本就吃不下或者是消化吸收不了，你会感到快乐吗？绝对不会！然而，一个健康的人，哪怕他的兜里只有两元钱，但是一碗面条他都能吃得很香很高兴。再比如说，如果常常有椎间盘突出的病痛纠缠你，那么给你一张十米长的豪华大床，你同样睡得不会舒服。可是一个身体健康的人，他就可以在任何地方倒头呼呼大睡。

如果把健康的身体比作"1"，金钱、地位、名誉等就都是这个"1后面的"0"。没有了健康的身体，那么后面这些不也都变成了"0"了吗？现在面对金钱与健康，你又将如何选择呢？不停地工作可以换来很多很多的金钱，可是你的健康却也在亮起一路红灯。这个时候，我们要拿得起放得下，赚钱是为了什么？不是为了能够生活得更好点吗？没有了一个健康的身体，又何谈幸福的生活，因此说，有时候对金钱的放弃是另外一种获得。"千金散尽还复来"，世间有很多人看不到这一点，许多烦恼也由此而生。他们难以与幸福结缘，却常常要和不幸结伴而行。

修心的人生幸福多——人生是场修行，你要学会修心

拥有一颗淡泊心，万事都以平和心去对待，得意时，能够淡然；失意时，能够泰然。在各种磨难面前，各种诱惑面前，都能够坦然处之。用淡泊心看待人生，自会获得心灵的安稳和快乐。

修心箴言：

人活着，最重要的是心灵能够得到自由和快乐，这就需要一颗淡泊的心，在面对世俗和名利时，不受外界的影响，能够珍惜自己所拥有的一切，这才是真正的富有。

4. 奢求太多，生命就显得过于沉重

日本作家川端康成自获诺贝尔奖之后，受盛名之累，常被官方、民间，包括电视广告商人等拉着去做这做那。文人难免天真，不擅应酬；又心慈面薄，不会推托；做事也过于认真，不懂敷衍。于是陷入忙乱的俗事重围，不知如何解脱，终于自杀，了此一生。据报道，川端康成临终前，曾为筹措一笔经费而心力交瘁，情绪十分低落，可能是促使他厌世自杀的原因之一。

固然，对一位作家来说，能获得诺贝尔奖，这口井已经算是凿得够深了。但如果他不被卷入烦倦不堪的琐事，而能依然宁静度日，以他丰富晶莹的智慧，或可有更具哲理的创作传世。

《湖滨散记》的作者梭罗，为了要写一本书而去森林中度过了两年的隐士生活。自己种豆和玉米为食，摆脱了一切剥夺他时间的琐事俗务，专心致志，去体验林间湖上的景色和他心灵所产生的共鸣，从中发现了许多道理，从而完成了这本名著。

一个人的精力有限，时间有限，在有生之年，把握住自己真正的志趣与才能所在，专一地做下去，才可能有所成就。

不但要有魄力，而且要有判断力，摆脱其他外务的干扰和诱惑，不为一切名利权位等虚荣而中途改道。这样，才能促成一个人事业的辉煌。

每个人都有失望和不满的时候，不是你的希望没有实现，就是他的欲望没有满足。每当这时，我们不是怨天尤人，便是破罐子破摔，却很少坐下来仔细地想一想，我们为什么一定要有不满和失望？活着，我们不要奢

求太多。

我们来到这世上时，本来就是赤条条的，一无所有，是上苍赋予了我们生命、亲友以及思想和财物等等，上苍待我们何厚？使我们拥有了这么多，又占据了这么多。可是我们却从来也没有满足过，依然在祈求着上苍为我们降下更多的甘霖。

然而，生活不可能也不会按照我们的需求来十足地供应我们，于是，我们便失望了，我们便不满了。

世界对于每一个活生生的人来说，都是公平的。有耕耘才有收获，有奋斗才有成功，有付出才有得到。你想花一分的代价去换回十分的成果，那是永远也不可能的。所以，我们永远都不应该奢求这世界平白无故地就给我们太多。

生命在于奋斗，人生在于积累。不要奢求，只要一点点就已经足够了。每天一点点，每月一点点，每年一点点，几年下来，我们就已经得到了很多很多，那么一辈子下来，我们不就已经变成了一个拥有整个世界的大富翁了吗？

不要奢求太多，太多了，生命就会显得过于沉重，也就会感到你的人生因缺少遗憾而懒于去追求；不要奢求太多，太多了，人生就会显得过于臃肿，就会感到你所拥有的一切都是负累，因无法带得动而终生不能轻松。

这世间，美好的东西实在数不过来了，我们总是希望得到的太多，让尽可能多的东西为自己所拥有。

人生如白驹过隙，在感叹拥有和失去之间，生命已经在不经意间流走了。

拥有时，倍加珍惜；失去了，就权当是接受生命真知的考验，权当是坎坷人生奋斗的付出。

欲望太多，反成了累赘，还有什么比拥有淡泊的心境更能让自己充实、满足呢?

修心箴言：

任何奢望都是不应该有的，天上不会掉馅饼，地上也不会长钞票。实实在在地做事，实实在在地做人，实实在在地对待每一个时日，你才会拥有一份实实在在的成功。

5. 什么都想要，最后可能什么也得不到

老子主张的恬淡寡欲，清净为上，对他的精神修养、情志调节起着很好的作用。他极力主张“见素抱朴，少私寡欲”，告诫人们不要贪心追求名利，要寡欲清心，经常保持心正气畅、体泰神清的心理状态，自然可获得健身延年，这不能不说是老子长寿的一个主要原因。他还认为人之生难保而易灭，气难清而易浊，只有节奢欲，才能保性命。会养生的人，一定要薄名利，禁声色，廉货财，损滋味，除佞妄，去妒忌。

人心不足蛇吞象，想想蛇吞象的样子，会是一种什么感受——咽不进，吐不出，要多别扭有多别扭。什么都想要，最后可能什么也得不到，反而一辈子将自身置于忙忙碌碌、勾心斗角之中。这样活着，未免太累！《论语》里说颜回：“一箪食，一瓢饮，在陋巷，人不堪其忧，回也不改其乐。”如果少一些欲望，是不是也会少一些痛苦呢？

哲人说：“当官为民，有钱没钱，其实都一样可以活得有滋有味，各有各的活法儿。一切都随时空的转移，个人的条件为依据。”功名利禄不必刻意去追求，官大五品，腹中空空，也是虚有官禄。“芝麻绿豆”一个，身怀绝技，照样誉满全球，悠哉快哉！

但是，“人是贱坯子”，没有追求就活得乏味，没奔头，还得要追求。功名利禄到手了，“七品”的还想要个“六品”，有了“六品”想“五品”，有了“五品”又眼馋“三品”。于是就得巴结，拼命地巴结，只在“品”级上巴结，结果“人品”是巴结一级少一品，到头来累得精疲力竭。仔细品味品味，竟不知道人生是个啥滋味，一辈子不曾享受过真人

生，也不懂得真人生，“活得真累”！

在功名利禄之上，“难得糊涂”，一切顺其自然，认认真真地做事，老老实实地做人，得则得，不能得不争；当得没得，不急不恼；不该得的得了，也不要，这才叫聪明人，活得轻松，悟得透彻。

有一个故事：有一个美国商人坐在墨西哥海边一个小渔村的码头上，看着一个墨西哥渔夫划着一只小船靠岸。小船上有好几尾大黄鳍鲔鱼，这个美国商人对墨西哥渔夫能捕到这么高档的鱼恭维了一番，还问要多少时间才能收获这么多？

墨西哥渔夫说：“才一会儿工夫就抓到了。”美国人再问：“你为什么不待久一点，好多捕一些鱼？”

墨西哥渔夫不以为意：“这些鱼已经足够我一家人生活所需啦！”

美国人又问：“那么你一天剩下那么多时间都在干什么？”

墨西哥渔夫解释：“我呀？我每天睡到自然醒，出海捕几条鱼，回来后跟孩子们玩一玩，再跟老婆睡个午觉，黄昏时晃到村子里喝点小酒，跟哥儿们玩玩吉他，我的日子可过得充实而又忙碌呢！”

美国人不以为意，帮他出主意，他说：“你应该每天多花一些时间去抓鱼，到时候你就有钱去买条大一点的船。自然你就可以抓更多鱼，再买更多渔船，然后拥有一个渔船队。到时候你就不必把鱼卖给鱼贩子，而是直接卖给加工厂，然后自己开一家罐头工厂。如此你就可以控制整个生产、加工和行销。这样，你就可以离开这个小渔村，搬到墨西哥城，再搬到洛杉矶，最后到纽约。在那里经营你不断扩充的企业。”

墨西哥渔夫问：“这得花多少时间呢？”

美国人回答：“十五到二十年。”

“然后呢？”

美国人大笑着说：“到时候你就发啦！你可以几亿几亿地赚！”

“再然后呢？”

美国人说：“到那个时候你就可以退休啦！你可以搬到海边的小渔村去住。每天睡到自然醒，出海随便捕几条鱼，跟孩子们玩一玩，再跟老婆睡个午觉，黄昏时，晃到村子里喝点小酒，跟哥儿们玩玩吉他！”

墨西哥渔夫疑惑地说：“我现在不就是这样了吗？”

听了渔夫的回答，也许我们会吃惊，也许我们会一时无语。但是我们不得不重新思考这样一个很难回答的问题：我们到底在追寻什么？是快乐？是金钱？是幸福？其实生活是一种态度，一种心情，一种选择，一种状态，一种活着的方式。

同理，一个人要想得到什么，就应该先给予别人，帮助别人，使“既以为人己愈有，既以与人己愈多”。即使于声色滋味上，也是懂得物极必反，取舍有度：“圣人之于声色滋味也，利于性（生）则取之，害于性（生）则舍之”，这就是道家提倡的“全生葆真”之道。

人总是会说活得很累。细究起来，生活中的累，除了体力之累，还有精神之累，欲望之累。欲望的满足不是满足，而是一种自我放逐，欲望会带来更多更大的欲望。

其实，从生活的价值来说，能够体味人生的酸甜苦辣，做过了自己所喜欢的事，没有虐待这百岁年华的生命，心灵从容富足，则在富在贫，皆足安心。即所谓“不戚戚于贫贱，不汲汲于富贵”。

修心箴言：

人心不足蛇吞象，想想蛇吞象的样子，会是一种什么感受——咽不进，吐不出，要多别扭有多别扭。什么都想要，最后可能什么也得不到，反而一辈子将自身置于忙忙碌碌、勾心斗角之中。这样活着，未免太累！

卷七

豁达大度，修一颗宽容心

宽容是人之博大、人之崇高、人之快慰的优良品德。人活着，没有必要事事认真，为鸡毛蒜皮的小事去计较，荷兰的斯宾诺沙说过：人心不是靠武力征服，而是靠爱和宽容大度征服的。宽容一如阳光，亲切，明亮。让我们修炼一颗宽容之心，做一个懂爱的人。

1. 没有容人的肚量就不会有任何的成就

“世界上最宽阔的是海洋，比海洋宽阔的是天空，比天空更宽阔的是人的胸怀。”法国19世纪的文学大师雨果曾说过这样的一句话。

宽容是人类生活中至高无上的美德。宽容可以超越一切，它是人类情感中最重要的一部分，这种情感能融化心头的冰霜。而缺乏宽容，将使人性从伟大堕落成连平凡都不如。

古希腊神话中有一位大英雄叫海格里斯。一天他走在坎坷不平的山路上，发现脚边有个袋子似的东西很碍脚，海格里斯踩了那东西一脚，谁知那东西不但没有被踩破，反而膨胀起来，加倍地扩大着。海格里斯恼羞成怒，操起一根碗口粗的木棒砸它，那东西竟然长大到把路堵死了。

正在这时，山中走出一位圣人，对海格里斯说：“朋友，快别动它，忘了它，离它远去吧！它叫仇恨袋，你不犯它，它便小如当初；你侵犯它，它就会膨胀起来，挡住你的路，与你敌对到底！”

我们生活在茫茫人世间，难免会与别人产生误会、摩擦。如果不注意，在我们心怀仇恨之时，仇恨便会悄悄成长，最终会导致堵塞通往成功的道路。所以我们一定要记着在自己的仇恨袋里装满宽容，那样我们就会少一分烦恼，多一分机遇。

古人曾经说过：“人之有德于我，不可忘也；吾之有德于人，不可不忘也。”别人对我们的帮助千万不可忘记，别人若有愧对我们的地方也应该乐于忘记。总是对别人的坏处念念不忘的人，实际上受伤害最深的是他自己的心灵。这种人轻则内心充满抱怨，郁郁寡欢；重则自我折磨，甚至不惜疯狂报复，酿成大错。而那些乐于忘记的人不仅忘记了自己对别人的好，更难得的是他们忘记了别人对他们的不好，因此他们可以甩掉不必要的包袱，无牵无挂地轻松前进。

一个宽宏大量的人最容易与别人融洽相处，同时也最容易获得朋友。古今中外因为有容人之量而获得他人颂扬的例子数不胜数。

清乾隆年间，金川叛乱，清军主将纳亲，丧师辱国，战败乞和，恩将仇报，欲将救他出战火的兆惠杀而灭口。兆惠逃回北京告御状，暂囚狱神庙，转监顺天府。顺天府狱卒胡富国，对其百般凌辱，将其打得多次晕死。兆惠狱中起血誓，他日得志，不诛此贼，誓不为人。后来乾隆起用傅恒为主将，兆惠、海兰察为副将，再平金川。并有意将胡富国调入兆惠军中，以试兆惠心胸。兆惠不明乾隆深意，以为圣赐良机，让他报仇，于是大喜过望。纪晓岚深知乾隆的用心，以李广的事点拨兆惠。兆惠心迷太深，尚未醒悟，以为李广快意恩仇，正是血性汉子所为。后来傅恒再以言语点拨，说："君若只做冲杀疆场的汉子，杀他后快，诚为美事；若欲得圣上深恩，做一个能统帅全国之兵的大元帅，尚须多学韩信胸怀。"兆惠醒悟。翌日升帐，语众军曰："当年我在顺天府狱中，曾受人奇耻大辱，立誓必报，今日皇上将此人赐我，我欲当众报仇。"胡富国自知必死，众军也知兆惠所受之辱，均以为胡富国再难有生路。兆惠将胡富国招出来，重重打了他一拳，说："已报了打我晕死的仇。"又吐了他一口痰，说："已报了辱我的仇。"众人不料此事竟如此了结，均大感意外，也为兆惠心胸所感，齐愿效死力。军中厮杀的汉子，一拳一痰，根本算不得什么。胡富国从此跟随兆惠，南征金川，北定回疆，官到二品参将。兆惠更成了乾隆朝仅次于傅恒的一代名将。可见，不世功业全在一念之间。

修心的人生幸福多——人生是场修行，你要学会修心

欲成大事，当然要学的不是如何受辱，而是如何包容受辱那些事。不是做出成绩来给辱你的人好看，而是从受辱中奋起。具有容人之量是一种超脱，是自我性格力量的解放，是天高云淡，一片光明；具有容人之量是一种大气，是胸无芥蒂，吐纳百川；肚量大的人，心大，心宽，悲愁痛苦的情绪，都在嬉笑怒骂、咆哮大喊中被撕个粉碎。

历史上，成功的人物，并非有三头六臂，功力过人，而是他们的肚量比一般人大。

宽容性格的培养，主要在于把自己看作是一个平凡的人，把自己看作是社会中的一分子，想到能与他人相处共事是一种幸福的缘分，尽力消除以自我为中心的心理倾向，对世界心存感激，念及他人的优点和好处，让你的宽容心的波长和别人的波长一致。只有通过这种心灵的“广播电台”，你才能和别人交换信息和意见，并化敌为友，增加你人生中的朋友和伙伴。宽容和爱这种人生感情只要肯付出给别人，终究会回报于自己。

一个人，没有容人的肚量就不会有任何的成就。宽容是一种艺术，宽容别人不是懦弱，更不是无奈的举措。在短暂的生命里学会宽容别人，能使生活中平添许多快乐，使人生更有意义。

修心箴言：

宽容是人类生活中至高无上的美德。宽容可以超越一切，它是人类情感中最重要的一部分，这种情感能融化心头的冰霜。而缺乏宽容，将使人性从伟大堕落成连平凡都不如。

2. 多一些理解，少一些苛责

关于立身处世的道理，自古以来的圣贤都认为，要严于律己，宽以待人。严于律己，可以不断提高自己的修养水平；宽以待人，则不但可以赢得尊敬和友谊，还能尽量不得罪人，不为将来埋下隐患。凡事多为别人设身处地想一想，不对犯了错的人求全责备，既能使对方知错而改，又会让对方对你心怀感激，并予以回报，这实在是一种为人处世的大智慧。现在有一句常说的话：做人要厚道。什么是厚道？厚道不是窝囊，而是怀有包容和悲悯的心态，可以设身处地站在别人的立场上，不去苛责别人。少苛责别人就是君子，一个真君子，他那种坦荡宽容的情怀是一种由内而外洋溢出来的人格力量。

都说宰相肚里能撑船，而汉代的著名宰相丙吉就是这样一个人。

丙吉任丞相时，他的一个驾车小吏喜欢饮酒。有一次他随丙吉外出，竟然醉得吐在丞相的车上。丞相属下的主吏报告说，应该把这种人撵走。丙吉听到这种意见后说："如果以喝醉酒的过失就把人撵出去，那么让这种人到何处安身？暂且容忍他这一次过失吧，毕竟只是把车上的垫子弄脏了而已。"

这个驾车小吏来自边疆，对边塞在紧急情况下的报警事务比较熟悉。他有一天外出，正好遇见驿站的骑兵手持红白两色的袋子飞驰而来，便知道是边郡报警的公文到了。到了城中，这个驾车小吏就尾随着驿站骑兵到公车署（汉代京都负责接待臣民上书、征召和边郡使者入朝的机构）打探详情，了解到敌虏入侵云中、代郡两地，他急忙回来求见丙吉，向丙吉报告了有关情况，并且说：“恐怕敌虏所入侵地区的地方官员因年迈病弱，反应不灵，不能胜任军事行动了。建议您预先了解一下有关官吏的档案材料，以备皇上询问。”丙吉认为他讲得很有道理，就让管档案的官吏把有关材料详细报来。

不久，皇上下诏召见丞相和御史，询问敌虏入侵地区的主管官员的情况。丙吉一一作了回答，而御史大夫陡然之间不知详情，无法应对，因此受到皇上的斥责。

丙吉显得非常忠于职守，时时详察边地军政情形，实际上这是得力于驾车小吏！

容忍他人小的过失，他人会以自己的一技之长来回报，而责备只会让人徒增怨恨。被宽容者往往把感恩之情压在心底，一旦有机会能让其发挥长处时，他必定会竭尽所能地报答。由此看来，那些刻意寻求他人过错、动辄对人大声责骂的人，岂不是太愚蠢了吗？

责己厚，则进德修业快；责人薄，则人易从，而且不会招来怨恨。责己、责人互相关联。重视责己的人，对人不会过严；责人太严的人，往往不重视责己。须知责人太严，会招来怨恨。孔子说：“人而不仁，疾之已甚，乱也。”

当然，不“薄责于人”不仅仅是为了“远怨”，每个人都不完美，“尺有所短，寸有所长”，与其把精力浪费在关注别人的缺点上，还不如用点心思提高自己的修养。在《论语·宪问》中有这样的记录：“子贡方人。子曰：赐也贤乎哉？夫我则不暇。”意思是有一次孔子的学生子贡在孔子面前评论别人的短长，孔子听后不高兴了，教训子贡说，你自身就足够完美吗？我是没有议论别人是非的闲工夫的。

把苛责别人、议论别人的话咽到肚子里，你将发现会受益匪浅。每个人生来都有生存的权利，哪怕他非常贫穷，哪怕他是一个卑微的人，甚至他是一个卑劣的，人们都不应该去鄙视他，都应该礼貌地去对待他，因为他和大家一样都是自然的产物，应该理所应当地享受空气阳光。在生活工作中，我们不得不和他人相处，相互间的摩擦是少不了的，这就需要我们提高自我修养和素质，需要有一定的宽容能力，宽容小人的斤斤计较和小肚鸡肠，宽容别人的过失……

所谓“金无足赤，人无完人”，每个人都有个性中的缺点，除非自己不断完善自己以外，谁都无法改变他人的个性，所以我们不能拿对方无知的一面来惩罚自己。宽容别人，少一些苛责，其实也是对自我的一种解放。

修心箴言：

在生活和工作中，我们不得不和他人相处，相互间的摩擦是少不了的，这就需要我们提高自我修养和素质，需要有一定的宽容能力，宽容小人的斤斤计较和小肚鸡肠，宽容别人的过失……

3. 给别人留余地，就是给自己留余地

古人云：得饶人处且饶人。这是一种宽容，一种博大的胸怀。

一位高僧受邀参加素宴。席间，发现在满桌精致的素食中，有一盘菜里竟然有一块猪肉。高僧的随从徒弟故意用筷子把肉翻出来，打算让主人看到，没想到高僧却立刻用菜把肉掩盖起来。一会儿，徒弟又把猪肉翻出来，高僧再度把肉遮盖起来，并在徒弟的耳畔轻声说：“如果你再把肉翻出来，我就把它吃掉！”徒弟听到后再也不敢把肉翻出来了。

宴后高僧辞别了主人。归途中，徒弟不解地问：“师父，刚才那厨子明明知道我们不吃荤的，为什么把猪肉放到素菜中？徒弟只是要让主人知道后处罚处罚他。”

高僧说：“每个人都会犯错误，无论是有心还是无意。如果让主人看到了菜中的猪肉，盛怒之下他很有可能当众处罚厨师，甚至会把厨师辞退。这都不是我愿意看见的，所以我宁愿把肉吃下去。”

待人处世固然要“得理”，但绝对不可以“不饶人”。

每个人的价值观、生活背景都不同，因此生活中出现分歧在所难免。大部分人一旦身陷斗争的漩涡，就不由自主地焦躁起来。一方面为了面子，一方面为了利益，因此一得了理便不饶人，非逼得对方鸣金收兵或投降不可。然而，“得理不饶人”虽然让你吹响了胜利的号角，但这也是下一次争斗的前奏。因为，对方虽然战败了，但为了面子或利益他自然也要“讨”回来。

一位老大爷骑车，被从路旁小胡同中冲出来的一个骑车女孩撞倒了。那个女孩对着倒在马路上的老人大声埋怨：“你骑车也不瞅着点儿！”路旁行人看不惯，纷纷指责那女孩：“别说是你把老大爷撞倒了，就是你没责任，你不也该先扶起老大爷看撞着哪儿了没有？”说得那女孩不得不过去扶起老大爷，小声说：“对不起。”那老人站起身，活动活动，说：“疼点没事儿，你下回可得小心了！你要没撞着哪儿就快走吧！”女孩惭愧地走开了。

在日常生活中，发生了分歧，你是宽容他，还是伺机报复？有句话叫“以牙还牙”，报复似乎更符合人的本能心理。但这样做了，怨会越结越深，仇会越积越多，真是“冤冤相报何时了”。如果你在切肤之痛后，采取别人难以想象的态度宽容对方，表现出别人难以达到的襟怀，你的形象瞬时就会高大起来。你的宽宏大量、光明磊落就会使你的精神达到一个新的境界，你的人格将会折射出高尚的光彩。

人要能站到高处，往远处想，便能理解别人，宽恕别人。当然，原谅和宽恕别人并不等于窝囊，只要是这亏吃在明处，那就是有意为之的高尚，也就没气可生了。

电视里，报纸上，经常可以看到消费者因在菜里吃出虫子，或在商场里买到有杂质的食品，就提出高额索赔的报道。个别消费者，碰到这种情况就像中了大奖，得理不饶人，提出这样那样的无理要求，要什么精神赔偿费。是的，消费者是上帝，应该得到一定的赔偿，但你漫天要价、趁机敲诈、大开海口，那就是你的不对了。这是金钱至上、唯钱是图的表现。俗话说：得饶人处且饶人。你将情况向商场或饭店反映了，他们也赔礼道歉了，也给予一定的赔偿了，那你也应心平气和了。在日常生活中，切记留一点余地给得罪你的人，给对方一个台阶下，少讲两句，得理饶人。否则，不但消灭不了眼前的这个“敌人”，还会让身边更多的朋友疏远你。

放对方一条生路，给对方一个台阶下，为对方留点面子和立足之地。这样做并不是很难，而且如果能做到，还能给自己带来很多好处。如果你得理不饶人，让对方走投无路，就有可能激起对方“求生”的意志，而既然是“求生”，就有可能不择手段，不顾后果，这将对你自己造成伤害。

放他一条生路，他便不会对你造成伤害。即使在别人理亏、你在理的情况下，放他一条生路，他也会心存感激，就算不如此，也不太可能与你为敌。因为这是人的本性。况且，这个世界本来就很小，变化却很大，若哪一天两人再度狭路相逢，那时若他势强而你势弱，你想他会怎么对待你呢？因此，得理饶人，也是为自己留条后路。

安徽籍男子刘某在急匆匆上厕所时，不小心把尿液溅到了李某的裤子上。李某借此大做文章，在刘某赔了他新裤子以后，还借口遭晦气，不停地大骂刘某，找来人对刘某拳打脚踢，并勒令刘某作进一步的赔偿，“送两条中华香烟，晚上请兄弟们撮一顿”。把一件本该几句话就能解决的小事，闹得越来越大，最后惊动了警方，落得个“涉嫌寻衅滋事”的罪名被警方拘留。

英国作家哈兹里特曾经说道：“在所有情况下，凡是我们对某种事物表示出极大蔑视的时候，那就清楚地说明了，我们是感到与它们处在十分接近的地位上。”因此，面对我们讨厌的人，只需轻描淡写说几句就行了，不必在言语上或行为上和他们进行无谓的争斗。

周玲是一家机关单位的老员工，常常以主人翁的姿态自居，在新来的员工面前有着强烈的优越感，也常常“自觉”地将手中的活儿分派给新来的同事。同办公室的小刘是一个听话的姑娘，开始时为她分担了不少工作，但时间长了便品出滋味来，只顾埋头干自己的分内事了。这多少让周玲感到失落。

小刘有一个习惯，爱在上班时间吃零食，并且不爱整理办公桌，桌上常常横七竖八地摆放着一些文件和书籍。一次，上级领导突击检查，刚好到了她们办公室，并对小刘办公桌的凌乱表示了不满。本来领导只是批评两句，可周玲听了却如得圣旨，逢人便说小刘的毛病，甚至一度在总经理面前做文章。

这些话自然都免不了传回小刘的耳朵里。小刘明知自己有错，只得忍气吞声、发奋工作，以排除那件事对自己造成的负面影响。日子久了，人们便淡忘了小刘往日的小缺陷，开始瞩目她日渐突出的成绩。很富戏剧性的是，半年后，小刘被提拔为周玲的顶头上司，周玲的处境可想而知。

所以说，得饶人处且饶人，你给别人留余地，将来别人也一定会给你留余地的。

修心箴言：

如果你在切肤之痛后，采取别人难以想象的态度宽容对方，表现出别人难以达到的襟怀，你的形象瞬时就会高大起来。你的宽宏大量、光明磊落就会使你的精神达到一个新的境界，你的人格将会折射出高尚的光彩。

4. 计较心少一点，担当心多一点

清朝光绪年间，东阁大学士阎敬铭曾写了一首《不气歌》：“他人气我我不气，我本无心他来气。倘若生气中他计，气下病来无人替。请来医生将病治，反说气病治非易。气之为害大可惟，诚恐因病将使废。我今尝过气中味，不气不气真不气。”这首诗，以幽默诙谐的语言，奉劝人们遇到别人的伤害、打击或不公平、不如意的事情的时候，尽量想开一点，少生闲气，少生闷气，以免气大伤身。

想想确实有其道理。短短的几十年人生，如果站得高一点，何不让自己活得快活一点、潇洒一点，何必整天为一些鸡毛蒜皮的小事生闲气呢？如果遇到中伤或误解的事，气量大一点，装装糊涂，他人气我我不气，一场是非之争就会在不知不觉中消失，你也落得潇洒，而等到终于水落石出，人家还会更加敬重你。

在中国北方农村，曾经有一位婆婆对自己刚娶进门的儿媳妇甚为不满。媳妇的一点小差错都会引起婆婆的勃然大怒，她时而抱怨媳妇厨艺太差，连蒜苗与韭菜都分不清；时而又抱怨媳妇懒惰，家务做得太少；而且经常加班到深夜才回家，也不知道是真的加班还是在外面鬼混；她甚至连儿子感冒发烧也算到媳妇头上去，埋怨连丈夫的身体都照顾不好，还怎么做别人的老婆……

直到有一天，有一个老朋友来家里做客时，婆婆又开始寻找媳妇的差错，她指着阳台上的衣服说：“我真不知道她妈妈是怎么教她的，连衣服都洗不干净！您看看，那衣服上斑斑点点的，她这是故意浪费我家洗衣服的水！”这位朋友听了婆婆的话之后，仔细地观察了阳台，终于发现了问题的症结所在。他用抹布把窗户擦了擦，然后拉着婆婆朝阳台望去，婆婆大吃一惊，那些晾在阳台上的衣服居然一下子就变干净了，婆婆这才明白，原来不是媳妇的衣服洗不干净，而是家里的窗户太脏了。从此以后，婆婆彻底地反省了自己的偏见，不再以有色眼光看待媳妇，并且以宽容的胸怀原谅了媳妇无意中的过错。婆媳两人互敬互爱，关系形同亲生母女，过上了真正快乐与和睦的生活。

如果说日常生活中遇到摩擦、误解，忍一忍，不生气，这也不难；要是遇到有身家性命危险，也能不气，也能忍让吗？遇到这种情况，不能一概地说应该不气还是应该生气，而应视情况而定。如果条件可以，就忍下一口气，代人受过，能救人一命，自己损失点名誉，虽然很难，但正因为难才更显得可贵。宋朝初年一位名叫高防的名士，就是这样一位难能可贵的人。

高防的父亲战死沙场，他从16岁被澶州防御使张从恩收养，后来做了军中的判官。

有一次，一个名叫段洪进的军校偷了公家的木头做家具，被人抓获。张从恩见有人在军中偷盗公物，不觉大怒。为严肃军纪，下令要处死段洪进以警众人。

在情急之时为了活命的段编造谎言，说是高防让他干的。本来偷这点东西也不至于犯死罪，张从恩对段的处理有些过头，高防是准备为其说情、减罪的，但现在自己已被他牵连进去，失去了说话的机会，还让自己蒙上不白之冤，能不气吗？但转念一想，军校出此下策也是出于无奈，想到凭自己与张从恩的私交，应承下来虽然自己名誉受损，但能救下军校的

修心

性命也是值得的。

所以当张从恩问高防是否属实时，高防就屈认了，结果军校段洪进果然免于一死，可张从恩从此不再信任高防，并把高防“炒了鱿鱼”，打发他回家。高防也不作任何解释，便辞别恩人独自离开了。直到年底，张从恩的下属彻底查清了事情真相，张才明白高是为了救段一命，代人受过。从此张从恩更信任高防，又专程派人把他请回军营任职。

高防的这口气可谓忍得大，忍得深。其一是忍屈认罪，牺牲了自己的名声；其二是忍屈不辩，牺牲了为自己洗刷清白的机会；其三是忍苦不诉，丢掉了自己的饭碗，且又失去了恩人的信任，被撵回家。但为了救段洪进的性命，把这口气硬是深深地忍了下来，一般人会认为高防糊涂到了家，可他这气量实在叫人钦佩。也正因为他有超出常人的气量，硬是不气不辩，所以一旦云开雾散之后，高防不但没有丧失自己的生存空间，而且获得了更多人的尊重。

人的一生，要遇到很多不平事，如果面对每件事都生气、烦恼、痛苦，那么，还有什么快乐而言呢？“不气”正是我们面对这些不平、不公的事所应有的态度，只有如此，生活才会祥和、幸福。

修心箴言：

如果遇到中伤或误解的事，气量大一点，装装糊涂，他人气我我不气，一场是非之争就会在不知不觉中消失，你也落得潇洒，而等到终于水落石出，人家还会更加敬重你这个人。

5. 容不得别人好，你也得不到多少好处

独占好处是一种狭隘的心态，它会扭曲你的心理，造成心理贫穷，并最终毁灭自己，因此我们在与人合作时应当学会分享。

心胸狭隘者、冷漠自私者、利欲熏心者都不会懂得什么是分享，因为分享与狭隘、冷漠、贪婪无关。真正的分享，是一种对情谊的珍重和心灵的豁达。苹果和梨子之间的交换，是一种互通有无的分享；痛苦与欢乐之间的交流，是一种惺惺相惜的分享。有了分享，才有了爱心的传递和永恒；有了分享，才有了力量的绵延和蓬勃。把你的痛苦与人分享，你的痛苦将会减少一半；把你的快乐与人分享，你的快乐将会增加一倍。这就是分享的魅力所在，这就是分享的高贵之处！

一个农夫请无相禅师为他的亡妻诵经超度，佛事完毕之后，农夫问道："禅师！你认为我的亡妻能从这次佛事中得到多少利益呢？"

禅师照实说道："当然！佛法如慈航普度，如日光遍照，不只是你的亡妻可以得到利益，一切有情众生无不得益呀！"

农夫不满意地说："可是我的亡妻是非常娇弱的，其他众生也许会占她便宜，把她的功德夺去。能否请您只单单为她诵经超度，不要回向给其他的众生。"

禅师慨叹农夫的自私，但仍慈悲地开导他说："回转自己的功德以趋向他人，使每一众生均沾法益，是个很讨巧的修持法门。'回向'有回事向理、回因向果、回小向大的内容，就如一光不是照耀一人，一

修心

光可以照耀大众，就如天上太阳一个，万物皆蒙照耀，一粒种子可以生长万千果实。你应该用你发心点燃的这一根蜡烛，去引燃千千万万支的蜡烛，不仅光亮增加百千万倍，本身的这支蜡烛，也并不因此而减少亮光。如果人人都能抱有如此观念，则我们微小的自身，常会因千千万万人的回向，而蒙受很多的功德，何乐而不为呢？故我们佛教徒应该平等地看待一切众生！”

农夫仍然顽固地说：“这个教义虽然很好，但还是要请禅师为我破个例吧。我有一位邻居张小眼，他经常欺负我、害我，我恨死他了。所以，如果禅师能把他从一切有情众生中除去，那该有多好呀！”

禅师以严厉的口吻说道：“既曰一切，何有除外？”

听了禅师的话，农夫更觉茫然，若有所失。

自私、狭隘的心理，在这个农夫身上表露无遗。每个人都希望自己好，但如果你容不得别人好或别人比你好，那就是自私加狭隘。自私、狭隘会毁了自己的生活，我们必须努力使自己学会与人分享。

村里有两个要好的朋友，他们也是非常虔诚的教徒。有一年，他们决定一起到遥远的圣山朝圣，两人背上行囊，风尘仆仆地上路，誓言不达圣山朝拜，绝不返家。

两位教徒走啊走，走了两个多星期之后，遇见一位年长的圣者。圣者看到这两位如此虔诚的教徒千里迢迢要前往圣山朝圣，就十分感动地告诉他们：“从这里距离圣山还有七天的路程，但是很遗憾，我在这十字路口就要和你们分手了，而在分手前，我要送给你们一个礼物！就是你们当中一个人先许愿，他的愿望一定会马上实现；而第二个人，就可以得到那愿望的两倍！”

听完了圣者的话，其中一个教徒心里想：“这太棒了，我已经知道我想要许什么愿，但我绝不能先讲，因为如果我先许愿，我就吃亏了，他就可以有双倍的礼物！不行！”而另外一个教徒也自忖：“我怎么可以先讲，让我的朋友获得加倍的礼物呢？”于是，两位教徒就开始客气起来，“你先讲吧！”“你比较年长，你先许愿吧！”“不，应该你先许愿！”两位教徒彼此推来推去。“客套地”推辞一番后，两人就开始不耐烦起来，气氛也变了：“烦不烦啊？你先讲啊！”“为什么我先讲？我才不要呢！”

两人推到最后，其中一人生气了，大声说道：“喂，你真是个不识相、不知好歹的家伙啊，你再不许愿的话，我就把你掐死！”

另外那个人一听，他的朋友居然变脸了，竟然来恐吓自己！于是想，你这么无情无义，我也不必对你太有情有义！我没办法得到的东西，你也休想得到！于是，这个教徒干脆把心一横，狠心地说道：“好，我先许愿！我希望……我的一只眼睛……瞎掉！”

很快地，这位教徒的一只眼睛瞎掉了，而与他同行的好朋友，两只眼睛也立刻都瞎掉了！

狭隘的心理不但让两个好朋友闹翻脸，甚至还让人通过伤害自己的方式来毁灭他人。如果一个人养成了狭隘自私的心态，那么他会变得多可怕呀！所以我们必须学会和他人分享。

陈杰被老板叫到办公室去了，他领导的团队又为公司的项目开发做出了杰出贡献。送茶进去的秘书出来后告诉大家，老板正在拼命地夸陈杰，她从来没见过老板那样夸一个人，研发小组的几个人脸沉了下来：“凭什么呀！那并不是他一个人的功劳！”“对呀！为了这个项目，我们连续加了17天的班！”正在这时，老板和陈杰来到了大厅，“伙计们，干得好！”老板把赞赏的目光投向几个组员，“陈部长向我夸赞了你们所付出的努力！听说有两个还带病加班是吗？真诚地谢谢你们！这个月你们可以拿到三倍的奖金！”老板话音刚落，几个同事就冲过去拥住陈杰一起欢呼起来，并表示以后会跟着陈部长，为公司继续努力工作！

学会宽容，懂得分享的人，才能拥有一切；自私狭隘的人，终将被人抛弃。无论是工作中还是生活中，我们都要摒弃自私狭隘的习惯，否则我们就会伤害到自己。

学会宽容是豁达，懂得分享是智慧。所以，拒绝冷漠，抛弃虚伪，远离邪恶，宽容与分享才会成为一种成色极好的宝石，为你散射出生活的缤纷绚丽。

修心箴言：

每个人都希望自己好，但如果你容不得别人好或别人比你好，那就是自私加狭隘。自私、狭隘会毁了自己的生活，我们必须努力使自己学会与人分享。

6. 你若能容下这个世界，这个世界也能容下你

佛说："能安忍之人，以安忍庄严其身，遇事皆能忍，安忍又为勤勉之人，所必有之行持。又修行之人，亦仗安忍之力，为自己之力，因安忍一事，能带来大福大乐。"

你若能容下这个世界，这个世界也能容下你。你不挤对这个世界，这个世界也不会挤对你。这个世界是宽广的，你的心跟它一样宽广，你肯定会应了俗语所说的那句话 "量大福大"——至少你的心灵会是幸福的。大肚弥勒佛之所以深得人心，并且自己也能常葆快乐，就在于他心量广大，能容天下难容之事。在现实生活中，我们能否真正找到心量广大的普通人呢？能，他也因此变得并不普通！如果你是个男子汉大丈夫，你能容忍并养育妻子与他人的私生女吗？当这个私生女身患白血病，需要同血缘的新生儿脐血拯救生命时，你还能够再容忍妻子怀上旧情人的孩子吗？这个电视剧《血玲珑》里的情节，会在现实生活里发生吗？

在河南省方城县，真实版的《血玲珑》确凿无疑地发生了。11年前，打工汉孔令杉沉浸在喜得千金的兴奋中时，妻子却告诉了他一个残酷的事实：这个新生命是她和别人的孩子！经过一番痛苦挣扎，孔令杉最终宽容了妻子，并将孩子视为己出。然而，11年后，这个孩子却患了白血病，生命告急！孔令杉能够做出惊人之举，允许妻子再次怀上旧情人的孩子，用脐血干细胞挽救第一个孩子的生命吗？一方面是有悖传统道德的"奇耻大辱"，一方面是对11岁花季少女生命的无私拯救，孔令杉一颗平常而博大

的心，被亲情和伦理这两条绳索揪紧了……

孔令杉的父亲与妻子张爱云的父亲都是河南省方城县人，他俩是多年的挚友，两人虽然不在同一个镇上，关系却亲如兄弟。1992年9月，孔父重病不起，他对张父表明了希望张爱云能成为儿媳的心愿。张父看着奄奄一息的孔父，噙泪答应了老友的临终请求。

其实，张父正为女儿的婚事忧心忡忡。1992年4月，刚满20岁的张爱云背着父母与待业青年任炎偷偷交往，两人不久就发生了性关系。张父了解到任炎同时与几个女孩关系甚密后，便强烈反对这门亲事。张爱云起初并不相信父亲的话，直到后来亲眼看到任炎搂着另一个女孩亲热，才明白自己受骗了。1992年8月，张爱云和任炎分手后不久，意外地发现自己怀孕了……

张爱云的父母并不知道女儿已经怀孕，他们觉得女儿如果嫁到孔家，门当户对。按照农村“冲喜救人”的习俗，老两口便决定先让爱云到孔家住一阵子，与孔令杉建立一定的感情基础后，再正式结婚。1992年9月，张爱云住进了孔家。在方城县某厂干临时工的孔令杉诚实善良，张爱云慢慢对他产生了好感。但同时，她由于心里有顾忌，因此总想找机会把自己同任炎的事与孔令杉好好谈谈。谁料还没等她开口，孔父又一次昏迷，一清醒就不停念叨儿子的婚事。张爱云便更加难以启齿了。

1992年国庆节，孔令杉和张爱云仓促举行了婚礼。新婚之夜，孔令杉陪哥们喝多了酒，张爱云试探地对孔令杉说：“令杉，其实我没你想象得那么好，我曾经……”然而被酒精烧昏了头的孔令杉根本听不进她的话，一把将她抱住拥上了床……直到孩子生下后，思前想后，张爱云终于下了决心。她写了一封长信，将自己婚前怀孕的真相和盘托出。孔令杉看罢洒满泪痕的信，顿时觉得天旋地转：自己每天牵肠挂肚的女儿，竟是别人的骨肉！后来经过激烈的思想斗争，再加上父亲的劝解，孔令杉终于原谅了张爱云。孔令杉说："老婆，往事咱就不要再提了，孩子永远是我的亲骨肉，咱们现在就回家去！"张爱云百感交集，扑到孔令杉怀中，任凭泪水肆意横流……

为了表示自己将孩子视为己出的决心，孔令杉给孩子取名"小连"，意为自己的"连心肉"。转眼十年过去了，这期间，孔令杉虽经历了失业等变故，但夫妻感情却始终如一。2000年，夫妻俩在城郊租了几亩地搞大棚蔬菜种植，一家人的生活稍稍宽裕了一些。孔令杉将小连送进了当地最好的小学，小连也非常争气，学习成绩总是名列前茅。正当孔令杉逐渐忘却伤痛，沉浸在幸福之中时，一场巨大的灾难悄然而至。

2003年4月10日上午，孔小连在学校突然晕倒，到郑州大学附属医院、河南省人民医院以及河南血液病专科医院诊病，结果确诊小连患的是要命的病——淋巴性白血病。

解放军768医院一位血液病专家、主任医师对孔令杉夫妇说，要想治好小连的病，需要张爱云再生个孩子，用新生儿的脐血挽救小连。这就意味着张爱云必须与任炎再生一个孩子，这怎么可能呢？张爱云痛苦地低下了头，孔令杉更是痛苦万分：本来小连就不是自己的骨肉，怎么能再要一个又不是自己骨肉的孩子呢？

经过反复思考，孔令杉作出了一个令人难以置信的决定：让张爱云与任炎再生一个孩子救小连！然而，这个决定遭到了张爱云的坚决反对："令杉，这十多年来，我同任炎早就没有任何来往，况且双方都已有家室，你让我怎么跟他讲？再说，我至死都不想让任炎知道小连是他的亲生女儿，我更不能再做对不起你的事啊！"

"爱云，生命高于一切。为了小连的生命，请你好好考虑考虑吧！"

孔令杉诚恳地对张爱云说。张爱云又何尝不想救女儿呢？只是她万分珍惜与孔令杉的感情，实在不愿让这份感情再受到任何玷污了。

考虑了三天，张爱云觉得自己无论如何都不可能再和任炎有肌肤之亲，如果能用其他的方法与任炎再生一个孩子，倒还可以考虑。与孔令杉商量后，夫妇俩坦率地把自己的隐私对大夫讲明了，大夫说："你们可以采用人工授精的方法怀孕，这样也能使孩子获救。"

2004年春节前夕，孔令杉找到并说服了任炎，使任炎答应献出精子。

2004年3月22日，在南阳市爱婴医院，医生为张爱云做了特殊的人工授精手术。手术做得很顺利，一个多月以后，张爱云就怀孕了。看着妈妈渐渐隆起的肚皮，小连知道新的小生命与自己的生命紧紧相系，久违的笑容再一次回到了她的脸上，

2005年1月5日，张爱云在县妇幼保健院顺利产下一个女婴。生产以后，孔令杉当即带上装在保温箱里的一段脐带，到河南省人民医院做配型化验。1月11日，从郑州传来喜讯：配型成功！2月7日，张爱云刚刚坐完月子，孔令杉和她就带着两个女儿到解放军768医院找到了专家大夫，专家大夫马上安排孩子住院。观察七天后，专家大夫亲自主刀，为小连做了亲体配型脐血干细胞移植手术。手术进行了两个半小时，非常成功。住院观察期间，小连未出现大的排异反应，于3月11日痊愈出院。小连稚嫩的生命，终于又重新扬起了希望的风帆。

显然，孔令杉就这样承受了有悖传统伦理的"奇耻大辱"，奉献了拯救孩子生命的大爱！尽管他因此陷入了难言的尴尬和隐痛，但他的人生却因此显现了人性的光芒，令人肃然起敬。即便人们知道了其中的隐情，谁还能忍心讥讽他？让我们祝愿他能继续无畏地昂着头，与亲人们一起走进更幸福的生活！

一个胸怀博大的人是受人敬重的，一个心有大爱的人值得收获更多的爱！在面对世俗的拷问时，如果你以爱的名义作出选择，那么，不管有多少是非舆论，你都是最伟大的人。

修心箴言：

你若能容下这个世界，这个世界也能容下你。你不挤对这个世界，这个世界也不会挤对你。

7. 你以怨对我，我以德对你

佛说：“如果有人对我们做坏事、说坏话，我们亦同样对他做坏事、说坏话，结果双方都是坏人；所以要用好的方法、好的行为、好的话去对待他，自然会叫他心服，别的人亦称赞我们。”

世间人是冤冤相报，佛法是以德报怨，你以怨对我，我以德对你。冤冤相报是凡夫，是造轮回业。真正觉悟之人，对于毁谤、侮辱、陷害他的人，都没有丝毫怨恨心，反而更加慈悲地去爱护他、帮助他、救度他。

从前，有一位国王带领许多妃嫔、宫女到郊外游戏打猎。途中，国王追逐野兔走远了，妃嫔们于是在树林中等候。

妃嫔们看到一位修道者正在林中沉思，于是向他请教。国王回来之后，责备她们与陌生人说话。

“我不过是指导她们学习忍辱的精神而已。”修道人安详地回答。

“哈哈！你自命为忍辱的人吗？我倒要试试你的忍辱修养。”说着，他挥剑将修道者的手臂斩断。

“现在，你该愤恨了吧！”国王得意地说。

修道者虽然痛苦，仍然和缓地看着他，回答：“我不愤恨，怀恨只有冤冤相报。将来我成道后，一定要来度化你，以了结这段业缘。”

容忍、宽恕在他的神态中表露无遗。国王感动极了，跪在地上，深深忏悔。

修道者以德报怨的精神，充分完成了忍辱的修养。

这位忍辱仙人，正是释迦牟尼佛的前生。

我们再来看一个佛陀弟子以德报怨感化人的故事。

在一个偏僻山间，住着一个被病痛折磨的老人，他知道自己将不久于世，就把两个儿子叫到床前。他对长子说：

“弟弟还幼小，要好好爱护他，尽兄长的责任。”

没几天，老人家离开了苦恼的世间。

三年后，哥哥结婚了，娶了同村的女孩子，妻子看丈夫厚待弟弟很不顺眼，所以经常对丈夫说：

“我看还是让弟弟自己去谋生吧！”

爸爸临终的遗言，哥哥不敢忘记。所以每当妻子对他说这一类的话，他就转过头，掩住耳朵。

但日子一久，在妻子的影响下，哥哥也嫌恶起弟弟来了。

一天，哥哥照妻子的指示，把弟弟带到离城很远的尸陀林。

按照当地的习俗，人死了将死尸抛弃在这儿，由鸟兽去啄食。林内非常幽暗，到处白骨遍地。深远处，有一棵古老的柏树，高及云霄，遮住了整个山谷。哥哥取出绳子，将弟弟绑在粗大的枝干上，说道：“不是我残忍，说实在的，你带给我许多麻烦。”说完掉头奔跑回去，不顾弟弟悲惨的哀求声。

天暗下来，一片漆黑。虎、狼、狮、豹陆续出现，无数只凶恶的兽眼，发出贪狠的蓝光，逼近柏树。树上的弟弟极力挣扎：“救命呀！救救我吧！”他发狂似的叫着。

恰好途经此地的佛陀听到了呼救声。

“可怜的孩子，下来吧！”佛陀对着树上的孩子说。那孩子听到柔和的呼唤声便醒过来，下来后抬头仔细一看，一位高大庄严的人在他面前慈蔼地微笑着。

“您是？”过度的惊奇使他不知怎样才好。

“我是佛陀。”

“噢！佛陀！我愿像你，做佛陀，自救救人！”弟弟五体投地向佛陀叩拜。

于是佛陀带他回王舍城。从此，弟弟在佛陀的僧团修学，听闻佛法，不久便证得果位。

弟弟证道以后很想念哥哥，他对佛陀说道：“佛陀！哥哥虽曾害我，但我因此得到佛陀的引渡，所以我想去度化他。”

“很好！我很嘉赏你这种心意。”

于是弟弟返回哥哥的家里，嫂嫂看到他赶紧躲到房间里去，她想弟弟一定是来报仇的。

“哥哥！嫂嫂！你们不必躲避，我一点也不记恨，反而要感谢你们。我因你们遇到恩师佛陀，我是特地来致谢的，希望你们也能够学佛早日离苦。世间的财物、生命都是无常的，终有一天将离开我们；但是在佛法里，可以获得无价的财宝和快乐。”

这番话，使夫妻俩如梦初醒，他们鼓起勇气对过去忏悔。于是，兄、弟、嫂嫂三个人并肩走向佛陀住的竹林精舍。

从以上故事中我们不难看出，佛教的以德报怨是要有忍辱功夫的。而佛家推崇的忍辱是一种强毅的忍力，不但可以成就世间的大事业，就是出世间的一切善法，也无不靠它完成。所以释迦牟尼佛曾经告诫弟子们说：“世间最有力者，为能行忍辱之人。”因此，忍辱绝不是屈服于恶势力之下的一般懦夫行为，更不是含恨于心而不敢怒形于色的无力反抗，佛教的忍辱，是通过了缘起的真理，而以慈悲心为基础的，是不怀怨恨，不存报复，进而感化和度化对方，就是以德报怨。

一位法师说过，以德报怨是用心第一法，以德报怨是君子之风，以德报怨是气度的表现。我们能以德报怨地对别人，就愈能显示自己的肚量。一个人的肚量有多大，就能对他人涵容多少。就如天地虚空，因为无所不包、无所不容，所以能广大无垠。因此，我们要如天地一样，能包容各式人种，能亲疏平等，能与万物共存，如此则能虚怀若谷、意畅抒怀，所以以德报怨是用心第一法，以德报怨是化解怨仇的一个优先选项，因为冤冤相报无了期。

佛家主张的容忍、宽恕、以德报怨，这都是包容精神的一种体现。现代社会，我们虽不能无原则地凡事容忍，但我们要认识到包容对化解仇恨的重大意义，多以一颗宽仁的心对待世间的人和事，这样世间就会少一分恶，多一分善。

修心箴言：

忍辱绝不是屈服于恶势力之下的一般懦夫行为，更不是含恨于心而不敢怒形于色的无力反抗，佛教的忍辱，是通过了缘起的真理，而以慈悲心为基础的，是不怀怨恨，不存报复，进而感化和度化对方，就是以德报怨。

8. 谅解他人的冒犯，彰显人格的魅力

做人要胸襟宽广，有平和之心，面对他人的冒犯也能够谅解，为他人着想，以包容为怀，用做大事的眼光去看待世事，这不仅是一种个人的魅力，更是取得成就建立丰功伟业的一种不可或缺的要素。

古代有一种冒犯别人的现象，就是犯了别人的讳。上级的名讳下边的人不能乱叫。据说观音菩萨原为观世音，在唐朝因为犯了太宗李世民的名讳，所以改称为观音，连菩萨都要改名，何况凡人呢？五代人石昂上朝，当时杨延郎任知留后事，通报的人因为杨延郎名石，就把石昂改成右昂。石昂说：“我姓石，不姓右。”杨延郎听了之后大怒，认为他冒犯了自己的尊严，是一件不能饶恕的事情。

只为一个字，两个人结成怨，有了仇，这就是因为不能忍受别人对自己的冒犯造成的。

相反，北魏度支尚书宗如周，有一次有人来上诉，他只知道如周曾做如州官，于是说：“我有冤事，来投诉如州官。”如周说：“你是何人，敢直呼我的名字？”那个人道歉说：“只听说如州官简称如州，不知如州官名字也叫如周。早知如州官名叫如周，就不叫如州官作如周了。”如周大笑道：“我让你自己检讨，却反而受到你侮辱。”众人都佩服他的大度。

一心想去做的事情，只是自己一厢情愿罢了，其实未必是有利于社会，有利于他人的事，也未必就是一件有利于自己的好事。自己身在其中，难以认清此中的利与害，旁观者却能看得很清楚。当别人给你指出来

的时候，你也许会认为这是违背了你的本意，破坏了你的计划，扰乱了你的美事，于是就大怒，或是进行对抗。须知不忍忤逆、不听忠言，势必会造成众叛亲离，自己最后成了一个令人厌恶的人。

历史上的明君，大多都认识到了这一点，他们或是礼贤下士，听取别人的建议，或是纳谏如流，倾听他人的批评，不以此为逆。遇到破坏自己情绪的事，虽然一时心头不快，但考虑到大局，一个暂时的不快又算什么呢？

唐武德四年（621年），郑国皇帝王世充在东都洛阳兵败投降后，他的行台仆射苏长，才在汉南一带献地投诚。苏长与唐高祖李渊原来有一些私交，李渊对他这么晚才来归降很不满意，加以责备。苏长跪在地上深深地叩了三个头说：“自古以来，帝王奠定天下，开辟新朝，被比作同大家一起竞争，共逐一只斑鹿；最后一个人取得胜利，别的人就都罢手了。当胜利者获鹿之后，怎么能去忌恨当时一起赶鹿的人，追究他们争吃鹿肉的罪过呢？”

李渊觉得苏长说得很有道理，不禁转怒为笑，宽释了他。

有一次苏长看到李渊建造了一座十分富丽堂皇的宫殿，他里里外外地观看了一遍，问李渊道：“这是不是以前隋炀帝建的？怎么如此堂皇？”李渊心中极为不满地说道：“难道你不知道是朕建造了这座宫殿，何须假装痴呆，怀疑是隋炀帝建造的呢？”

苏长说：“臣确实不知是陛下建造了这座宫殿。只见整个宫殿顶上使用的是极其豪华的琉璃瓦，我记得过去商纣王建造鹿台时用了这样的瓦。这绝不是接受天命在人间称帝的人所应该做的，他们只应该以节俭为本，如果是陛下建造的，我觉得非常不适宜。臣过去在武功（今属陕西省）追随陛下时，看到陛下所住的房屋，仅仅能够遮蔽风霜，非常俭朴，而陛下也认为可以满足了。回想隋炀帝那时，铺张浪费，劳民伤财，人民无法生活下去；后来天命移到陛下身上，正应该以他的奢侈淫逸为戒，不应忘记创业时的俭朴和艰难。现在陛下却在隋朝遗留下来的宫殿里进一步雕绘装饰，挥霍人民的财力，这样怎能做到拨乱反正，重新整治天下呢？”

苏长极力谏劝皇帝纠正错误的话语，总是讲得十分有道理，虽然言辞上锐利了一些，但李渊往往能容忍下来。他前后多次这样做，对唐代初期政治上的发展，带来了不少好处。

不久，李渊带领朝中的一班大臣，丢下一切朝廷事务，到京城郊区的高陵打猎，苏长也被召参加。这一天猎获很多，李渊命令把所有猎获的飞禽走兽全陈列在皇帝帐幕前用旗帜临时组成的门下，然后十分得意地问大家说：“今天打猎打得高兴吗？”

苏长抢先回答：“陛下率领功臣出来打猎，放弃一切重大朝务，还不到十天，怎能够说得上快乐呢？”

苏长大胆、锋利的讽刺，一下子使李渊脸色全变了。但很有天子气度的李渊，立刻强压怒气，冷笑一声说：“苏卿，你的狂态又发作了吗？”

苏长毫不让步，回答说：“如果臣仅仅是为了自己考虑，这确是一种狂态；如果我是为陛下的国家考虑，这可是一片忠心啊！”

李渊听了，无话可说，只得带着扫兴的情绪，传命收队回到长安。李渊深知苏长是为国家、为社稷才这样违逆自己，故而也没有更多地怪罪他。这是因他懂得，作为人君应该怎么对待臣下对自己的冒犯。

君子定应这样，像大地般以宽厚的德行负载万物。做人，首先要以包容为怀，做人君、领导者，这更是基础所在。以直率、方正、宽大、包容的原则对待他人，这样才能赢得人们更多的尊敬和拥护。包容让一个人的事业走向成功，也会让他的人生境界走向阔达。

汉文帝刘恒改元后的第六年，北方的匈奴纠集军队大举入侵汉朝边境。文帝采取了紧急的措施：加派管理皇族的宗正刘礼为将军，驻扎在霸上；派祝兹侯徐厉为将军，驻扎在棘门；派河内守周亚夫为将军，驻守细柳。这三处是京城长安附近的战略据点，文帝要求他们提高警惕，严格治军，牢固把守，防备匈奴进攻。

不久，文帝亲自到各驻兵军营去慰劳将士，以便鼓舞士气。在霸上和棘门这两个驻地，他的车驾直驰军营，都没有受到任何阻拦，将军以下的军官，都骑马迎送。

后来，文帝一行人又到细柳的营地去慰劳将士。那里的将士都披甲戴盔，刀擦得雪亮，箭搭在弓上，完全处于戒备状态。皇帝的先行队伍到了细柳驻军的营门前，领头的高声喊道：“皇上马上驾到！”

按常规，皇上驾到是件大事，营门守将应立即去向主将报告，以便出门迎接。但在这儿守营门的军门都尉没有这样做，而是回答说：“将军有令：‘军中只听军令，不听皇帝的旨意。’”过了一会儿，文帝的车驾到大营门口，仍然被挡住，不能直接进入。在这种情况下，文帝只得派人拿了令牌，进营向周亚夫传话说，皇帝要入营慰劳将士。周亚夫这才下令打开营门，放车驾进来。

车驾进门后，管营门的军官又通知文帝的随从武官说：“将军规定，军营内车马不准奔驰。”

文帝知道后，只好吩咐放松马缰绳，让马车慢慢地进行。快到营部，文帝远远望见周亚夫全副盔甲，手执兵器，挺直地站着。文帝到了跟前，他一面拱手相迎，一面说道：“军装在身之士不跪拜，请允许我以军礼相见。”

文帝听了大受震动，脸色也变得严肃起来，就靠在车前的横木上答礼，同时命人向周亚夫致意说：“皇上特来慰劳将军！”直到慰军仪式结束，文帝才离开细柳营。

一出营门，文帝对周亚夫的做法赞不绝口："这才算是真正的将军啊。"

由于周亚夫治军严明，文帝去世前对景帝说："你今后遇到紧急情况，可任用周亚夫统率大军。"

汉景帝即位的第三年，七个侯王打着"清君侧、诛晁错"的旗号发动叛乱，周亚夫率领大军仅用三个月的时间，就取得了平叛战争的胜利，为西汉王朝的巩固起到了中流砥柱的作用。

贤明的君主会因臣子的忠于职守而感到欣慰，甚至因此去包容他们的冒犯，因而才能坐拥江山，以英明帝王之称永垂青史。

由此可见，只有拥有包容大度的胸怀，能够虚怀若谷，海纳百川，才能在社会大舞台上任意驰骋，在生活中惬意谈笑。包容他人，尊重他人，也能得到别人的包容和尊重。

修心箴言：

只有拥有包容大度的胸怀，能够虚怀若谷，海纳百川，才能在社会大舞台上任意驰骋，在生活中惬意谈笑。包容他人，尊重他人，也能得到别人的包容和尊重。

卷八
洞穿人性，修一颗智慧心

为何要修一颗洞穿人性的智慧心？我们倡导谦卑，倡导宽容，倡导淡泊，倡导……然而，人毕竟是社会的人，人与人的相处是需要技巧的。了解人性，了解与人相处的智慧，与单纯的人单纯交往，与复杂的人聪明应对，这样才不至于在交往中有太多不和谐的情况出现。

1. 中国人嘴上说的和心里想的往往不一样

每个民族都有其语言特点。英美人喜欢直来直去，嘴上说的就是心里想表达的，很容易听懂。中国人讲究婉转，不喜欢直来直去，往往“口是心非”，说出的话总会有言外之意，话外之音。要想知道说话人究竟是什么意思，需要听话的人动一番脑筋，用心揣摩、用心领会，才能听明白。

比如，最常见的事情，家里来了不速之客，时间已经很晚了，主人心里盼着客人早点离开，但是嘴上却说：“时间还不算太晚，再聊一会儿吧。”如果客人识趣，就会知道主人已经有送客的意思了，应该马上离开。再比如，中国人招待客人，本来是精心准备了一桌子佳肴，却对客人说：“家常便饭，凑合吃点吧。”

不要以为这种为人处世的方式很虚伪，这其实是一种生存艺术。为什么这么说呢？如果是拒绝别人的话，直话直说固然痛快，但往往容易伤人面子，造成尴尬的局面，尤其是中国人打从古代开始就非常懂得自保的艺术，知道伤人就是伤己的道理，所以，即使有些时候心里明明不是这么想的，却往往这么说。假如是表现自己，说得太直白了，又显得太过不谦虚，怕招人反感。这就是中国人为什么嘴上说的和心里想的往往不太一样的道理。

在古代，中国人就非常懂得说话的艺术，尤其是臣子规谏君主，最讲究含蓄，要让君主听到自己的话外之音，主动改正。如果大胆直谏，不仅会惹恼君主，还会给自己带来杀身之祸。

楚庄王十分爱马，他的马住在豪华的厅堂里，身上披着美丽的锦缎，晚上睡在非常考究的床上。它们吃的是富有营养的枣肉，伺候那些马的人数竟是马的三倍。这些马养尊处优，又不出去运动，因此其中有一匹马因为长得太肥而死去了。

这一下可真让楚庄王伤心极了。他要为这匹马举行隆重的葬礼。一是命令全体大臣向死马致哀，二是用高级的棺椁以安葬大夫的标准来葬马。大臣们纷纷劝阻楚庄王不要这么做。可是楚庄王充耳不闻，并生气地下令说：“谁要是再敢来劝阻我葬马，一律斩首不饶。”

一个叫优孟的人听说这件事后，径直闯进宫去，一路伤心大哭，痛不欲生。楚庄王惊问其故，优孟回答说：“大王心爱的马死了，怎能不让人伤心呢？那可是大王最钟爱的马呀，又怎能只用大夫的葬礼来办理马的丧事呢？这实在太轻视了。应该用最高的国君的葬礼才对啊。”楚庄王问道：“那你认为应怎样安排呢？”优孟接着说：“依我看，应该用美玉做马的棺材，再调动大批军队，发动全城百姓，为马建造高贵华丽的坟墓。到出丧那天，要让齐国、赵国的使节在前面开路；让韩国、魏国的使节护送灵柩。然后，还要追封死去的马为万户侯，为它建造祠庙，让马的灵魂长年接受封地百姓的供奉。这样才能让天下所有人知道，原来大王是爱马胜过爱一切的。”

优孟句句话都顺着楚庄王的意思去说，将对马的优待推到了极致。庄王终于听懂了优孟的言外之意：爱马胜过爱百姓是危险的。他自责道：“哎呀！我怎么竟然错到这种地步！”于是马上取消了对马的葬礼。

优孟的话表达的是一种反意，通过表面的顺从，起到夸大讽刺的效果，引起人的反思，这种表达方式也是“口是心非”的一种表现。

修心箴言：

如果是拒绝别人的话，直话直说固然痛快，但往往容易伤人面子，造成尴尬的局面，尤其是中国人打从古代开始就非常懂得自保的艺术，知道伤人就是伤己的道理，所以，即使有些时候心里明明不是这么想的，却往往这么说。假如是表现自己，说得太直白了，又显得太过不谦虚，怕招人反感。这就是中国人为什么嘴上说的和心里想的往往不太一样的道理。

2. 心性圆通，做人要懂得自保

有句名言，曰：取象于钱，外圆内方。古钱币的圆形方孔，大家都是知道的。为人处世，就要像这钱一样，“边缘”要圆，要能随机而变，但“内心”要守得住，有自己的目的和原则。当年，刘邦的谋臣萧何就是一个善于随机而变的人，也因此在“功高盖主者杀”的岌岌可危之时，保全了自己。

刘邦是个猜忌心极重的人，诸将如淮阴侯韩信、淮南王英布、梁王彭越等，无一不受到他的猜疑和嫉恨，有的甚至被迫走上了谋反的道路。就连与他交情最为深厚的萧何，也因屡屡受到猜忌而终日战战兢兢。

韩信被杀害之后，萧何因功进位为相国，加封五千户。群僚都向他道贺，只有当年的东陵侯召平往吊。

召平对萧何说道：“您将从此惹祸了！”萧何大吃一惊，忙问原因。

召平答道：“主上连年出征，亲冒矢石，只有您安然地居守都中，不必遭受兵革之劳，现在反而得以加封食邑。这在名义上是看重您，而实际上是对您不放心。您想，韩信有百战百胜的功劳，尚且被杀，难道您的功劳能赶上韩信吗？”

萧何急忙问道：“您说得很对，不过有什么计策能让主上对我放心呢？”召平道：“您不如不接受主上这次的加封，再把家里的私财全部拿出来，交给主上，充作军需。这样，才有可能免祸。”萧何点头称是，照此办理后，果然讨得了刘邦的欢心。

在讨伐英布期间，萧何仍然留在关中督运粮草。刘邦屡次问押运粮草的官员，说是相国近来都在做些什么事情。押运官答称他无非是抚慰百姓、措办粮草军械等等，刘邦听了，默然不语。押运官回到关中后，把这一情况报告了萧何，萧何也猜不透刘邦这样做有什么深意。

一天，他偶然与一位幕僚谈起此事，这位幕僚忽然说道：“您不久可就要被灭族了！”萧何一听，大惊失色，吓得连话都说不出来了。

幕僚又说道：“您位至相国，功居首位，此外不可能再给您加封什么了。皇上屡次问您在做什么事情，显然是怕您久在关中，深得民心，一旦乘关中空虚，号召百姓起事，据地称尊，就会使主上无处可归，前功尽弃。现在，您不察主上的意思，还要孜孜不倦地为百姓操心，这是徒增主上的疑忌！疑忌越深，祸来得也就越快。在这种情况下，您不如多买田地，而且要逼着百姓贱卖给您，使得百姓诽谤您、怨恨您。这样，主上听说之后方能心安，而您也可以保全家族了。”

萧何认为这位幕僚的话很有道理，当即采纳实行。押运官回到前线后，把萧何因强买民田而致谤议的情况报告给了刘邦，刘邦果然很觉宽慰。不久之后，淮南平定，刘邦回都养伤，到萧何前来问疾时，才把谤书交给萧何，叫他自己向百姓道歉。萧何或补上田价，或把田宅干脆还给原主，谤议自然也就渐渐停息了。

一般来说，善于自保的人，多懂得随机应变，棱角并不十分分明。萧何能在幕僚的提醒下放低姿态，及时“露拙”，以使刘邦尽释猜疑，自污以保全身，不可不谓明智之举。虽然在后退的过程中有损形象，但这总比伤及性命要好得多。

修心箴言：

为人处世，就要像铜钱一样，“边缘”要圆，要能随机而变，但“内心”要守得住，有自己的目的和原则。

3. 与人打交道，千万不要婆婆妈妈

1945年，罗斯福第四次连任美国总统。一位记者采访他，请他谈谈感想，总统微笑着没有回答，而是拿起一块三明治，很客气地请记者吃。记者受宠若惊，十分愉快地吃了下去。罗斯福继续微笑着，请他吃第二块。他肚子已经饱了，但盛情难却，又吃了下去。不料总统又请他吃第三块。他实在吃不下了，但还是勉强吃了下去。没想到，罗斯福在他吃完之后又说："请再吃一块吧！"记者一听非常郁闷，因为他已经有要呕吐的感觉了。罗斯福说："现在，你不要再问我的感想了，因为你自己已经感觉到了。"

罗斯福让记者一块接一块地吃下三明治，目的就是让他亲身体验自己此时的感受。当同一个问题被问很多次以后，不仅失去了回答的兴趣，甚至一听到这个问题就会有想呕吐的感觉。

美国作家马克·吐温也有这样一段经历。他去一家教堂听牧师演讲，当天牧师讲演的内容是呼吁大家积极救助非洲某地灾民。牧师讲的是声情并茂，让人顿时产生同情之心。马克·吐温马上掏出自己身上所以的钱，准备一会儿在募捐活动中捐出去。过了十分钟，牧师还在喋喋不休地说，马克·吐温觉得有些厌烦了，他决定只捐十美元。牧师的演讲实在是太冗长了，马克·吐温只看见他的嘴巴在不断开合，至于他在说什么全听不进去了，刚开始产生的怜悯之心也慢慢消逝。等到他终于闭上嘴巴的时候，马克·吐温烦躁至极，甚至已经恼怒起来了，最终他非但没有捐出一分

钱，还从盘子里拿走五美元。

话说三遍淡如水。不管多么精彩的话语，一连说上三遍也会变得淡然无味。因为人们对它已经失去了新鲜感，甚至已经厌烦它了。连续简单的重复不仅起不到强调的作用，而且还会朝着相反的方向发展。这种刺激一旦强烈，很容易激起人们的逆反心理，人们会与这种理论对着干。这也就是大人在一边喋喋不休教育孩子好好学习，不要贪玩，而孩子宁可被唠叨，也要我行我素的原因；同样，这也就是妻子劝丈夫戒烟，每次总要把吸烟的坏处说上数遍，而丈夫却抽得更狠的原因。

所以说，如果希望自己说的话在别人身上起作用，一定不要喋喋不休，一定要抓住核心问题，语言要简短有力，最好是一针见血，只有你的语言有力度，别人才愿意听你的。

英国前首相丘吉尔说话从来不遭人厌烦，就是因为他的语言简短有力，寥寥数语就能振奋人心。

1948年，丘吉尔应邀在牛津大学演讲，主题为“成功秘诀”，面对充满期望的牛津学子和全世界各大新闻媒体，丘吉尔作了一个极为简短却寓意深刻的演讲。

“我的成功秘诀有三个：第一是，决不放弃；第二是，决不、决不放弃；第三是，决不、决不、决不能放弃！我的演讲结束了。”

会场一片凝重，丘吉尔以最简洁的语言、最执着的意志，揭示了最深刻的人生哲理。

听众在沉寂了足足一分钟后，对着已经没有演讲者的讲台，爆发出了雷鸣般的掌声。

如此生动的演讲，鼓舞人心，铿锵有力，令人回味无穷。

在这个讲究效率的时代，不管是公司开会作报告，还是交流经验，不管是朋友之间办事儿，还是上级批评下属，只要是与人打交道，千万不要婆婆妈妈，绕大弯子，不断重复相同的刺激。要知道，考验别人的耐心并不是一个聪明的举动，这很可能会引起对方的反感，从而破坏彼此的交往。

修心箴言：

如果希望自己说的话在别人身上起作用，一定不要喋喋不休，一定要抓住核心问题，语言要简短有力，最好是一针见血，只有你的语言有力度，别人才愿意听你的。

4. 别太精明，适时修修“糊涂心”

做人要适时地装出一些糊涂来。为什么要这么做呢？《红楼梦》中的王熙凤给了我们一个明确的答案：聪明反被聪明误。

王熙凤何等的冰雪聪明，简直就是人中之尖子，恐怕这世上有很多男人都不及她。她八面玲珑，九面处世，外柔内刚；她表面向你微笑，心里却在给你下套子。一个看上她美色的贾瑞被她的计策整得一缕孤魂上青天；一个看上她老公的尤二姐被她的两面三刀给逼得吞金自尽；而她的“偷梁换柱掉包计”李代桃僵，则送掉了颦儿脆弱的性命。

至于王熙凤的能耐那可大了，整个荣宁两府在她的整治下服服帖帖，一个秦可卿出殡这样的大事到了她手里简直是小菜一碟。她能说会道，贾府上下没有不知道她琏二奶奶的。

可王熙凤却是一个精明过头的女人，精明到处处好强、事事争胜，哪儿都落不下她，结果得罪了大太太，加之贾母撒手人寰，她的靠山没了，终于聪明反被聪明误，“反送了卿卿性命”。

红学家感兴趣的是这样一个精明能干的女人最终结局如此悲惨，全在于她毕竟是一介女流，毕竟没有看透官场上的处世哲学——难得糊涂。她被她的聪明、她的锋芒毕露给害了。

所以，一个人在处世、生活中学会适时糊涂，会在很多方面受益无穷。

首先，学会适时糊涂，会避免许多矛盾和纷争。

生活中的许多小事，如果我们采取难得糊涂的态度，睁一只眼闭一只眼，很容易小事化了；而如果你一点都不糊涂，一是一，二是二，矛盾、纷争，甚至流血牺牲都有可能发生。

两个大学生为争电视频道，如果一个糊涂一下，让着对方，对方看什么就跟着看，电视嘛，哪个频道不都是娱乐吗，大家就会继续看电视，而不是两个人对打起来，一个恼羞成怒，用刀子捅另一个，结果造成了被捅者的死亡。

生活中有很多精明的人总是喜欢揪别人的辫子、抓别人的缺点，以为这样做显示自己比他人高明，实际上这种语言、行为上的丝毫不糊涂却是造成两个人关系疏远、分道扬镳，甚至成为仇敌的根本原因。

其次，学会适时糊涂，可以使自己心态平和。

与人交往的关键要使心情愉快，而心态平和是心情愉快的前提，适时糊涂就可以使一个人心态平和。

如果你是一个牙尖嘴利、眼尖手快的人，你必然会发现一些别人注意不到的东西，如果你一笑置之，不加追究，不久你就会忘掉这些东西；而一旦你觉得自己无法不指出来，非要给他人一个昭示，既弄得他人满心不快活，恐怕你自己的心也难以平静下来。

一个老和尚和一个小和尚来到河边，一个年轻姑娘正犹豫着如何过河，看到和尚们来了便求和尚帮助。

老和尚念了一声“善哉”，便抱着姑娘过河，过河后，姑娘千恩万谢地走了。

一老一小两个和尚又走了相当长一段路程，小和尚突然问：“出家人不近女色，师父你犯戒了。”老和尚哈哈大笑道：“我早就放下了，怎么你还抱着？”小和尚顿时面红耳赤。

很多人在处世时就像这个不懂真谛的小和尚，使自己的心态处于不平和之中。少去计较，也就放下了许多负担。

再次，学会适时糊涂，也是为了给自己方便。

人常说：“与人方便，自己方便。”适时糊涂无非就是给人方便，给人方便人就会对你也糊涂一些。两个过于精明的人就像两只正在酣斗的公鸡一样，非要分出个你胜我败来，这于健康的身心是没有什么益处的。

如果你是一个处处不糊涂的人，总是圆睁双眼，提高警惕地生活，那你累不累呀？你有没有身心疲惫的时候？你何不像一个大智若愚的人那样适时糊涂一下！那如何做到适时糊涂呢？

要做到适时糊涂，就要去除自己的一些计较心，你完全可以对那些鸡毛蒜皮之类的小事付诸一笑，你完全可以对并不重要的事糊涂一下，你完全可以对无关紧要的事网开一面。如果你这样做了，你会处于一个快乐的心境之中，正如人们常说的，“原谅使人快活”。

要做到适时糊涂，就要分清什么是大事，什么是小事。如果你是一个检察官，对于贪污腐败、行贿受贿之类的事绝不能糊涂；而对同事把你的一盒烟拿了、不小心碰了你一下这种小事完全可以糊涂一下。

要做到适时糊涂，就要少一些精明。过于精明的人常好为人师，指手画脚，求全责备，对人苛刻，眼睛里容不得半点不合他意之处。这种精明人为了显示其精明处，常常是横挑鼻子竖挑眼，从来都不会适时糊涂一下的，这种人在现实中属于招人厌的那一类。就像王熙凤一样，表面上大家都对她唯唯诺诺，可在暗地里，恐怕人人都恨她自以为是的样子。

郑板桥知道“难得糊涂”的奥妙，他一生也就过得潇洒、坦然。所以，在为人处世中，能够适时糊涂一下的人，才能过得平安坦然。

修心箴言：

生活中的许多小事，如果我们采取难得糊涂的态度，睁一只眼闭一只眼，很容易小事化了；而如果你一点都不糊涂，一是一，二是二，矛盾、纷争，甚至流血牺牲都有可能发生。

5. 从实际出发，让自尊心保持一定的弹性

一个人如果失去了尊严，实际上也就是没有了做人的骨气。靠出卖尊严换来的利益，自己用着不会开心，别人看着更是瞧不起，所以，在利益与尊严面前，我们必须要把握尺度，不要让自己留有遗憾。

一个女孩长得很漂亮，被老板看中了，在私人宴会上，她坐在了老板的身边。她很激动，因为她从老板的目光和眼神中读到了自己将成为老板身边的大红人。不久，她将拥有她朝思暮想的位置，那里将有她想得到的利益。老板喝多了，要她陪他去公司拿份文件。她当然愿意，于是搀着老板喊停了一辆出租车。到了老板的办公室，她突然意识到了什么，她想到自己不能就这样成为老板的情人，可是迟疑间老板已对她动起手来。她惊叫了一声，老板放下她，然后对她许之种种好处，她的心软了，身子像一摊泥一样摊在老板怀里再也站不起来……

在利益和生存面前，该把自尊放在什么位置。这是许多人思考的问题，也是让一些人背负精神压力的原因。我们必须要找到利益生存与自尊之间的平衡点。有时虽然不得不委曲求全，但却万万不可失去尊严。人必须要有尊严，无论是面对威胁，还是面对诱惑。没有了尊严，失去骨气，无论你得到了什么，都会毫无价值。

有一个中国留学生，她对待利益和自尊的问题有自己的尺度。

2006年3月的一天，她怀揣着仅够半个月生活费用的400英镑踏上飞往英国的航班。她选修的是地产评估学，为了不落后，她每天凌晨四点就要

起床背那些枯燥乏味的房产法律条规，一天只有四五个小时的睡眠时间。即使这样，她还需要每天抽出五个小时打零工，维持基本的生活费用。

她跟一个来自中国四川的女孩多多成了好朋友。她跟一个英国男孩子关系很好，有时他会请她们去参加当地人家的聚会。她总是抓紧这种时刻多吃些蔬菜和水果。平时超市里色彩诱人的苹果是她的最爱，但一看价格，她就不敢问津了。有一次意外得到一个苹果，她还专门跑到学校机房，通过摄像头大口地吃给爸爸妈妈看。视频里妈妈哭得泣不成声。

而在她打工的那家餐厅里，即使客人没动一下的食物，最后也全部倒掉，如果谁偷吃一口，轻则马上被开除，重则会被警察罚款。她亲眼见到一个在这里端盘子的印尼小女孩，因为工作到后半夜实在太饿，就偷偷咬了一口客人吃剩下的点心。结果她被警察带走，关到第二天早上才放出来。听说餐馆老板扬言要起诉她。她觉得这是个很缺乏人情的地方，于是离开了这里，换了一份替人照看小孩子的工作。

她选择对得起良心。为了省钱，她和多多在学校附近合租了一套低廉的学生公寓，她们平时一起练口语、做试题、背条规。彼此之间也暗暗竞争，常常打工回来还要各自温书一两个小时才睡下。第一个学期，因为考试前她高烧一场，烧到40摄氏度，连续一周没退，前两天还在打工，直到连走路和坐着都有困难才没去干活。考前她吞了超出一倍剂量的退烧药，才勉强支撑着上了考场。两个小时里，冷汗湿透了她的衣服。结果成绩下来她仅得了B，多多得了B^+。自从那以后，她发奋苦读，总是拿班级第一。

地产评估是个热门专业，竞争可以用惨烈来形容，只有2/5的学生能够毕业。她亲眼看见多多有一次将一个成绩名列前茅的女孩子的课堂笔记拿走。她问她干什么，多多说借来看看。后来她在垃圾桶里发现了笔记本的碎片。她生气地问多多为什么这样做，多多面不改色地告诉她：“在国外无论是生存还是留学，竞争就是这样冷酷无情。谁都想花最少的精力得到最大的成功。”见她不以为意，多多还说：“你在这里多待些日子就会明白了，大家为了好名次，各种手段都会使出来。”

学校会定时聘请一些著名测量师行的权威来给他们讲课。有一次，世界排名第三的英国保柏测量师行一位著名评估师在课堂上提出一个问题：如果有一份高档地产，你是地产评估师，如何实现地产的价值最大化。言下之意，就是问他们是否会通过抬高估价，达成与房主的利益双赢。

她的回答是“不”。评估师问她：“为什么，难道为雇主争取利益最大化不是雇员的基本义务吗？”她简单而又郑重地说了两个字：“良心。”

一个在外国艰苦奋斗的小女孩，在激烈的竞争和巨大的生活压力下，仍不忘凭良心做事，其做人之原则可见一斑。“良心”，多么令人敬畏的词，然而，多少人为了个人的利益泯灭了“良心”，抛弃了自尊，失掉了骨气。要知道，这些东西是无价的，一旦失去，将无法用任何有形的东西来弥补。那么，我们要怎样来维护我们的自尊，不让人看轻我们的人格呢？并不是说一味地耿直、刚硬、要面子就是自尊的表现，自尊也需要把握好尺度。

自尊是一种精神需要，是人格的内核。维护自尊是人的本能和天性。为人处世若毫无自尊，脸皮太厚，不行；反过来，自尊过盛，脸皮太薄，也不好。正确的原则是：从实际的需要出发，让自尊心保持一定的弹性，这需要从两个方面努力。

首先，在思想上认清自尊需要和交际需要两者之间的关系。过于自尊的人，总是把自尊看得很重。其实，不要光想着自己的面子，还要看到比这更重要的东西，另外，还应坚持把实现交际的宗旨看得高于自尊，让自尊服从交际的需要。

其次，在交际过程中，要审时度势准确地把握自尊的弹性，追求最佳效果。在以下几种情况下要特别注意：

1.当你受到冷遇时。此时你不妨多想一想你的使命、职责，为了完成任务，迅速加大自尊的承受力度。

2.当你被否定时。此时，你进行辩解、反驳，甚至是争吵，倒不如接受这个事实，效果可能会更好一些。

3.当你受到批评时。此时，对于批评要能够正确理解，应采取虚心的态度，这不但不会丢面子，反而会改变他人的看法，给对方留下一个好印象。

适当地把握好自尊的弹性，做一个有礼又有节的人，这样的人才真正能立足于社会，并得到人们的认可，取得别人的尊重。

修心箴言：

人必须要有尊严，无论是面对威胁，还是面对诱惑。没有了尊严，失去了骨气，无论你得到了什么，都会毫无价值。

卷九
积极向上，修一颗精进心

为什么饱经风霜的小溪能涓涓流淌？为什么被践踏的小草来年依旧翠绿？为什么冬天里松树依然挺拔？只因为有一颗上进的心。世上万物都在求生，都想活得生机勃勃。而人活于世，努力求进也是必然，这是生存的需要，也是社会发展的需要。让我们努力保持一颗精进心，让人生过得有价值。

1. 勇敢面对人生的蜕变

老鹰是世界上寿命最长的鸟类，它的寿命可达70年。但是如果想要活那么久，它就必须在40岁时作出困难却重要的抉择。

当老鹰活到40岁时，它的爪子开始老化，不能够牢牢地抓住猎物；它的喙变得又长又弯，几乎能碰到它的胸膛；它的翅膀也会变得十分沉重，因为它的羽毛长得又浓又厚，使它在飞翔的时候十分吃力。在这个时候，它只有两种选择：等死，或者经过一个十分痛苦的过程来蜕变和更新，以便继续活下去。

这是一个漫长的过程：它需要经过150天的漫长锤炼，而且必须很努力地飞到山顶，在悬崖的顶端筑巢，然后停留在那里不能飞翔。

首先，它要做的是用它的喙不断地击打岩石，直到旧喙完全脱落，然后经过一个漫长的过程，静静地等候新的喙长出来。之后，还要经历更为痛苦的过程：用新长出的喙把旧指甲一根一根地拔出来，当新的指甲长出来后，它们再把旧的羽毛一根一根地拔掉，等待五个月后长出新的羽毛。

这时候，老鹰才能重新开始飞翔，从此可以再过30年的岁月！

对于老鹰来说，这无疑是一段痛苦的经历，但正是因为不愿在安逸中死去，正是对30年新生岁月的向往，正是对脱胎换骨后得以重新翱翔于天际的憧憬，燃起了它心中的勇气和决心。要想延长自己的生命，获得重生的机会，它选择了经受几个月的痛苦，我们不得不为老鹰的这种勇于改变自己的勇气所折服。

放眼人生，又何尝不是如此？面对癌症，是草草地结束自己的生命以免受肉体和精神的折磨，还是积极地治疗，创造生命的奇迹？陷入困境，是听天由命，等待命运的宣判，还是放手一搏，冒险寻求可能的转机？工作平淡无奇，碌碌无为，是安于现状，享受现有的安逸，还是勇于改变，寻求属于自己的一片天地？

2004年2月28日，清华大学主楼报告厅里，举行了一个规模不大但非常特别的英文新书《从小脚女人到奥运会冠军》首发仪式。这本由北京出版社出版的英文专著的作者，就是我们过去熟悉的“乒坛皇后”邓亚萍。

曾经18次夺得过奥运会、世界锦标赛、世界杯冠军的世界女子乒坛顶尖选手邓亚萍，在夺得1997年英国曼彻斯特世界乒乓球锦标赛女子团体、单打和双打三块金牌后，选择了退役。这一年，她迈入了清华大学的校门，开始了全新的生活。从清华大学本科毕业后，邓亚萍到英国诺丁汉大学攻读硕士学位，之后又被英国剑桥大学录取攻读经济学博士学位。

退役之时，凭借她在乒坛的辉煌成就，她可以轻松地获得一个管理职务或是教练的席位，但她放弃了这种生活，而是向一个全新的领域发起了挑战。邓亚萍说：“临近退役时，我便开始设计自己将来的路，有人认为运动员只能在自己熟悉的运动项目中继续工作，而我就是要证明：运动员不仅能够打好比赛，同时也能做好其他事情。哪天我不当运动员了，我的新起点也就开始了。”

短短的七年多时间，这位曾经在乒坛充满霸气的女中英杰，在她的转型期，用当年夺取世界冠军的毅力和决心，在另一个领域开拓了被专家们称为“第二个奇迹”的全新局面。从运动员到清华学子，再到剑桥博士的成功转型，她付出了比常人更多的努力和汗水。

刚到清华大学外语系报到时，指导老师让她一次写完26个英文字母时，她还只能试试。因为她从5岁开始进行乒乓球训练，10多岁入选到国家队，一直到24岁退役，几乎没有什么学习基础。她回忆说："上课时老师的讲述对我而言无异于天书，我只能尽力一字不漏地听着、记着，回到宿舍，再一点点翻字典，一点点硬啃硬记。我给自己制订了学习计划：一切从零开始，坚持三个第一：从课本第一页学起，从第一个字母、第一个单词背起；一天必须保证14个小时的学习时间，每天五点准时起床，读音标、背单词、练听力，直到正式上课；晚上整理讲义，温习功课，直到深夜12点。"正是凭借着这种不懈的努力和顽强的意志，她出色地完成了在清华的学业。本科毕业后，邓亚萍将自己5000多字的英文毕业论文送给萨马兰奇，萨马兰奇将这份论文存放到国际奥委会博物馆，他认为这是一个中国运动员成长的最有价值的纪念。

此后，她在国外的求学更为艰苦。在诺丁汉大学上课的过程中，邓亚萍总是抓住一切机会抢着发言。老师开玩笑说从她学习的劲头可以看得出她是一个世界冠军。为了完成论文，她每周都要自己开车到不同城市的图书馆去查找资料。一年后，邓亚萍面对严格的考官，用英语宣读了3.5万字的论文——《从小脚女人到奥运冠军》，以翔实生动的材料和清晰有力的论点论述了中国妇女及中国妇女体育的巨大发展和变化。临场考官的一致结论是：无条件一次通过！2002年12月22日，她如愿获得硕士学位。萨马兰奇先生称赞她"拥有了打开世界大门的钥匙"。

"有人可能觉得我这是自讨苦吃，甚至有人说你的荣誉多得一大把，不攻读什么学位，后半生照样可以过得不错，即使读学位也不必那么辛苦，甚至不妨找个'枪手'代笔写论文。但我读书上大学可不是为了'镀金'，我上学只是要圆自己的读书之梦。我从自己与外国朋友交往中深切感受到知识缺乏、交流不畅。尽管基础差，我不想投机取巧走捷径！"

现在，她在剑桥的博士学业也早已经攻读完，谈到学业，邓亚萍说：“难啊，真是太难了，感觉压力很大。一天到晚就是绷着，所以感觉特别辛苦。但我要感谢当学生的这段经历，因为它让我看到了另外一个世界，找到了自己新的价值。如果亚运会、世乒赛和奥运会的冠军是我乒乓球生涯的三大满贯，那么在清华获得学士学位、诺丁汉大学硕士毕业和取得剑桥博士，就是我要完成的另一项大满贯。”

人生征途中必然要有痛苦的经历，面对痛苦我们要从容，相信艰难过后就是胜利。蜕变，是成长道路上必经的风雨，你要坚信，蜕变过后将是辉煌的新生。

修心箴言：

老鹰会为了继续生存而击碎它的喙，啄掉它的指甲，再拔光它的羽毛，经过一番痛苦的历练重获新生，人生也是如此，每一次丧失都意味着一次蜕变。

2. 目标是牵引人向前的动力

许多人之所以在生活中走偏了路，归根结底是没有目标，或者没有弄清楚目标的正确含义，常常耗费心力于那些并非真正想要实现的目标上，因此才会遭受那么多的痛苦。殊不知，目标才是牵引人向前的动力，有了目标，才会有成就，才会发挥潜能。

有个出生于旧金山贫民区的小男孩从小因为营养不良而患有软骨病，在六岁时双腿变形成弓字形，而小腿更是严重萎缩。然而在他幼小的心灵中一直藏着一个没有人相信会实现的梦——除了他自己。这个梦就是有一天他要成为美式橄榄球的全能球员。他是传奇人物吉姆·布朗的球迷，每当吉姆所属的克里夫兰布朗斯队和旧金山西九人队在旧金山比赛时，这个男孩便不顾双腿的不便，一跛一跛地到球场去为心中的偶像加油。由于他穷得买不起票，所以只有等到全场比赛快结束时，从工作人员打开的大门溜进去，欣赏剩下的最后几分钟比赛。

13岁时，有一次他在布朗斯队和西九人队比赛之后，在一家冰淇淋店里终于有机会和他心目中的偶像面对面接触了，那是他多年来所期望的一刻。他大大方方地走到这位大明星的跟前，朗声说道："布朗先生，我是你最忠实的球迷！"吉姆·布朗和气地向他说了声谢谢。这个小男孩接着又说道："布朗先生，你晓得一件事吗？"吉姆转过头来问道："小朋友，请问是什么事呢？"男孩一副自豪的神态说道："我记得你所创下的每一项纪录，每一次的达阵。"吉姆·布朗十分开心地笑了："真不简单。”这时小男孩挺了挺胸膛，眼中闪烁着光芒，充满自信地说：“布朗先生，有一天我要打破你所创下的每一项纪录。”

听完小男孩的话，这位美式橄榄球明星微笑地对他说道：“好大的口气，孩子，你叫什么名字？”小男孩得意地笑了，说：“奥伦索，先生，我的名字叫奥伦索·辛普森，大家都管我叫O.J。”

奥伦索·辛普森日后的确如他少年时所言，在美式橄榄球场上打破了吉姆·布朗所创下的所有纪录，同时更创下一些新的纪录。

为何目标能激发出令人难以置信的潜力，改写一个人的命运？又何以目标能够使一个行走不便的人成为传奇人物？各位朋友，要想把看不见的梦想变成看得见的事实，首要做的事便是制定目标，这是人生中一切成功的基础。目标会引导你的一切想法，而你的想法便决定了你的人生。

事实上，当我们有了一个令人心动的目标，若再加上必然能够达成的信念，那么就可说是成功了一半。因为目标引导着我们努力的方向，有了一个正确的目标，人生也就有了方向，有了方向的人生必然是积极、进取的，那么成功也就顺理成章了。

修心箴言：

要想把看不见的梦想变成看得见的事实，首要做的事便是制定目标，这是人生中一切成功的基础。目标会引导你的一切想法，而你的想法便决定了你的人生。

3. 做行动的积极分子

释迦牟尼曾有一番颇具启示性的谈话，说世界上有四种马，第一种马是看到主人的鞭子就立刻飞奔出去的骏马；第二种马是看到了别的马被鞭打，就立刻快步奔跑的良马；第三种是要等到自己受了鞭笞才开始跑的凡马；第四种是非要受到严厉的鞭打才开始走的驽马。同样，世界上也有四种人，第一种是远远地看到别人陷入老病死的痛苦中就立刻心生警惕；第二种人是要等到老病死离自己不远时才会心生警惕；第三种人必须是自己的近亲陷入老病死的痛苦才知道警惕；第四种人是非要自己亲身感到了老病死的痛苦才知道悔不当初。

我们可以由这个比喻发挥一下，说遇到问题时，世界上有这样四种人：第一种是今天立即解决的人，第二种是等待明天解决的人，第三种是一味发愁今天明天都难以解决的人，第四种是问题已造成恶果再也难以解决的人。

英国J.M.巴利曾讲过一个关于她丈夫的有趣的故事：

我跟乔治结婚之前，早就知道他是个雄心勃勃的人。那时我们还没有订婚，他就把心底里的秘密告诉了我：他要写一本大部头著作，书名叫作《伦理学研究》。

“不过我还没有动手，”他习惯地说，“冬天一到我就动手，每天晚上坚持写。”

白天里，乔治在一家公司供职当秘书。公司器重他，他只得把自己一天里最好的时间花在写信记账上。他说，等书出版了，他就出名了。

我说："要是你能多些时间自己支配来写书就好了。"

"我倒不在乎忙。"他像一个永远压不垮的英雄那样轻松愉快地说，"你留意到么：世界上大凡伟大的著作，几乎都是出自忙人的手笔。毫无疑问，一个人只要有写作天才，作品是迟早要问世的。"

他说这些话的时候，眼睛熠熠发亮，语调充满激情。这种激情很快感染了我。

每次我们一见面，便尽谈些未来，或由他滔滔而论，我合掌倾听。不久，我们就订婚了。乔治可不是个一般见识的情人，他不会三天两头嚷嚷"好人儿"呀、"漂亮"呀这类词——他从不屑这些。我们单独待在一起时，他就把手伸给我，让我一边儿牵着，一边儿听他热切地描述他那本《伦理学研究》。

我们订婚不久，乔治好言好语，要同我结婚。

"我定不下神写书，除非结了婚。"他说。

他一心一意想定下神写书，所以我就依了他。

九月里的一天，我们结婚了。蜜月里我们一谈起写书，就更觉得甜蜜。整个蜜月我们形影不离。乔治太爱我了，他不忍心丢下我不管，自己去写书。

我把我这个体会告诉他，他笑眯眯的。我越说，他越乐。我想，他对我的这种感情，一定就叫作"体贴"。

过完了蜜月，我们回到了蜃景村的可爱小家庭，真是快乐极了！

"你就要动手写书啦？"到家那天我问。

"正想着这事。"他说，"你知道，这事使我牵肠挂肚。不过，通盘考虑起来，还是下星期再说吧！"

“你千万不要因为我把它耽搁了。”我热切地说。

“我当然就是为了你呀！”

“可是，浪费时间不好。”

“犯不着急么！”他不耐烦地一挥手。

我吃惊地看着他，他解释说：“我的意思是先要把全书纲要通盘考虑好。”

那段时间里，我们的小家庭常常有客人来访。我把乔治写书的事跟他们许多人都说了。可现在迟迟不见他动手，我渐渐有点后悔自己不会保守秘密。

眼睁睁一个星期过去，接着又一个星期过去。我急了，便要他吃完晚饭就到书房里去坐下。他磨磨蹭蹭，一脸乌云。我把墨水瓶注满，把稿纸摆好，把一支新蘸笔交到他手里。他接了，嘴上也没一声“谢谢”。

两小时以后，我送去一杯茶。他静静地坐在火炉边，笔落在地上。

“你睡着了，乔治？”我问。

“睡着了？！”他叫了起来，好像我是说他犯了罪，“我在构思！”

“你还没有动笔？”

“我正想动笔，你就进来了。喝了这杯茶我就动笔。”

“那么我不打搅你了，亲爱的。”九点整，我走进房间，只见他照旧坐着。“我希望你给我弄杯茶。”他说。“一小时前我就端给你了。”“哦，干吗不讲一声？”“唉，乔治，我讲过的。瞧，就在桌头，你没喝。”

“我想你没讲过——也可能我想得太专心，没留意你讲过。你要叫得我答应才对。”

“我叫了，你也答了。”

“唉，亲爱的，”他一脸苦相，“你听我说，我脑子乱糟糟的，从没这样过！今晚上的工作全泡汤了！”

第二天晚上，乔治说，他写东西的心情一点也没有。我听了这话大约显得很失望，因为他一下子变得怒气冲冲：

“我可不能没完没了老写，写，写！”他高声说。

“可你压根儿还没写过一个字呢！”

“你挖苦我。”

“你过去一讲到写书，就好像写书很快乐。”

“难道我讲过写书不快乐？如果你读过一点文学史，你就会知道，就连最勤勉多产的作家，有时候也会一个字都写不出。”

“毕竟，他们总会起个头吧！”“好，明天晚上我就起个头。”到了“明天”晚上，他又磨磨蹭蹭不想进书房。“我去把卧室的画挂好。”他说。“不，不，你还是去写书好。”

“你是非要看我坐下写书才定神了？”

“是你自己说要坐下写书才定神的。”

“我正是要坐下写书才定神，难道我说过坐下写书便不定神？”

他大步跨出客厅向书房走去。出门时，把门“砰”地一声带上。大约一小时以后，我送茶去。书房门开着，我老远便看见他躺在躺椅上。他大约听见茶杯托盘声，立刻跳起来，三步跨到书桌边。等我进门时，他已摆好了正在奋笔疾书的姿势。

“进展如何，亲爱的？”我心里凉了半截。

“顺利极了，亲爱的，顺利极了！”

我故意盯着看他，他的脸红起来。

“我觉得，”喝完茶，他说，“今晚上写够了，写过度了不好。”

“把写好的念给我听好吗？”

“等星期六吧！”他红着脸说。

“那么我把稿纸整理一下。”我很想看看他到底写过没有，就这么说。

“得了得了。”他赶紧用肘部把稿纸压住。

第二天早上，我数了数空白稿纸，一如我放到书桌上的数目。这样过了半个月，情况有了点变化：他大约怀疑我数稿纸，或者防备我可能数，为保险起见，就把所谓手稿放进一只抽屉里，锁起来。凑巧我一串钥匙里有一把开得了那锁。一天，我打开锁把里边的“手稿”细细察看一遍，一共24张。洁白的稿纸没一张有片言只字。每个晚上，他不多不少加进去两张。我看着恶心，便揭了他的底。他便搪塞说：“没法子——煤油灯下没法写，恐怕非得等开春。开春再起头好不好？”

“可你说过冬天最适合写书。”

“那时我是这么想，现在知道想错了。暂时放弃写作，我很沮丧，可又不得不放弃。”

等春天来了，我提醒他说，写书的时机到了。

“你总是没完没了地嚷嚷着写书写书写书。”他龇牙咧嘴地说。

“我有整整一个月不提写书了。”

“哼，你那么看着我，就好像我非写不可。”

“是你自己曾经感情热烈，好像非写不可。”

“我一向感情热烈，可总不能老写书呀！”

“我们结婚都七个月了，可你仍旧一行字也没写。”

他起身就走，“砰”地一声把门带上。

一个星期以后，他说春天极不宜写书：

“春天里，人喜欢多多出门，看看树叶是怎样绿的。只有到了七月，人才愿意待在家里。到那时我准定每天写作四小时。”

到了夏天，他说：“天太热了，简直没法写字。给弄杯冰汽水吧。写书的事，秋天干！”

我们结婚到现在有五年多了。可书呢，还没起头。

最大的成功者并不是那些嘴上说得天花乱坠的人，也不是那些把一切都设想得极其美妙的人，而是那些最脚踏实地去干的人。掌握今天是至关重要的，机不可失，时不再来！

到美国首都华盛顿观光的旅客总不免要到华盛顿纪念碑一游。不过纪念碑游客如织，导游大概会告诉你，排队等搭电梯上纪念碑顶就要等上两个钟头。但是他还会加上一句：“如果你愿意爬楼梯，那么一秒钟也不必等。”

仔细想想，这句话说得多么真切！不止华盛顿纪念碑如此，对于人生之旅又何尝不是！说得更精确一点，通往人生顶峰的电梯不只是客满而已，它已经故障了，而且永远都修不好，每一个想要上去的人都必须老老实实地爬楼梯。只要你愿意爬楼梯，一次一步，那么我们将在顶峰相会。

现在就准备好，立即出发！

除非你开始行动，否则到不了任何地方。治疗失败最好的方法是——再试一下。赶快行动，否则今日很快就会变成昨日。身体力行还是胜过高谈阔论。若想欣赏远山的美景，至少得爬上山顶。生命中的每个行动，都是日后扣人心弦的回忆。如果不想悔恨，就赶快行动。行动是打击焦虑的最佳妙方。行动派的人从来不知道烦恼为何物。老天给了大麦，但烤成面包就得靠自己。此时此刻是做任何事情的最佳时刻，如果想在一切就绪后才行动，你永远成不了大事。有机会不去行动，就像有汽车不去加油，永远动不了。有意义的人生，不在于有什么，而在于做什么。经验是知识加上行动的成果，能者默默耕耘，无能者光说不练。

立即开始行动吧！你还在等什么？

别人的鼓励和支持会使你充满信心，自我激励会带给你无穷的力量。

自我激励的秘诀就是“行动”。自我发动法实际上就是一句自我激励警句：“立即行动！”无论何时，当“立即行动”这个警句从你的潜意识心理闪现到意识心理时，你就该立即行动。

平时就要养成一种习惯：用自我激励警句“立即行动”，对某些小事情作出有效的反应。这样，一旦发生了紧急事件，或者当机会自行到来时，你同样能作出强有力的反应，立即行动起来。

假定你把闹钟定在上午六点。然而，当闹钟闹响时，你睡意仍浓，于是起身关掉闹钟，又回到床上去睡。久而久之，你会养成早晨不按时起床的习惯。但如果你听从“立即行动”这一命令的话，你就会立刻起床，不再睡懒觉。

许多人都有延宕的习惯。由于这种习惯，他们可能出门误车，上班迟到，或者更重要的——失去可能更好地改变他们整个生活进程的良机。历史已经证明了有些战役的失败仅仅是由于某些人延误了采取得力行动的良机。

记住自我发动的警句：“立即行动！”“立即行动！”可以影响你各方面的生活。它能帮助你去做你所不想做而又必须做的事，同时也能帮助你，去做那些你想做的事。它能帮助你抓住宝贵的时机——这些时机一旦失去，就绝不会再回来——哪怕只是打电话给你的一位伙伴，告诉他：你很想念他。

自我发动警句“立即行动！”是一句重要的自我激励语句，记住了这一句话便是向前走了重要的一步。

修心箴言：

通往人生顶峰的电梯不只是客满而已，它已经故障了，而且永远都修不好，每一个想要上去的人都必须老老实实地爬楼梯。只要你愿意爬楼梯，一次一步，那么我们将在顶峰相会。

4. 行动是架在理想与现实之间的桥梁

“只想不做的人只能生产思想垃圾。”布莱克说，“成功是一把梯子，双手插在口袋里的人是爬不上去的。”

从前，有一位满脑子都是智慧的教授与一位文盲相邻而居。尽管两人地位悬殊，知识水平、性格有天壤之别，可两人有一个共同的目标：尽快富裕起来。

每天，教授都跷着二郎腿大谈特谈他的致富经，文盲在旁虔诚地听着，他非常钦佩教授的学识与智慧，并且开始依着教授的致富设想去做。

若干年后，文盲成了一位百万富翁，而教授还在空谈他的致富理论。

思想固然重要，但行动往往更重要。

夸夸其谈的人总是说得比做得响亮，当人们都被他的高谈阔论吸引的时候，他常常给人展示的却是一个失败的甚至是没有任何起步的结局。可想而知，人们对他将抱持怎样的态度：失望或者是鄙夷！而相反，那些低调的人习惯了去听去吸取别人的智慧，他们默默地做的往往比他们说得更成功。他们总在别人无所察觉中取得丰收的硕果，从而让人刮目相看。这就是行动的结果！

我们的本性是积极行动而不是消极等待。这一本性不仅能使我们选择对某种特定环境的反应，而且能使我们创造环境。

克雷洛夫说：“现实是此岸，理想是彼岸，中间隔着湍急的河流，行动则是架在川上的桥梁。”

人都是有理想的，理想的好处是能增加人对生活的热情，使我们在接受考验的时候，还能为了理想而勇敢地面对。然而，除非我们以理想为基础，然后付诸行动，否则，任何美好的理想都是难以实现的。

有个落魄的中年人每隔三两天就到教堂祈祷，而且他的祷告词几乎每次都相同。

“上帝啊，请念在我多年来敬畏您的份上，让我中一次彩票吧！阿门。”

几天后，他又垂头丧气地来到教堂，同样跪着祈祷：“上帝啊，为何不让我中彩票？我愿意更谦卑地来服侍你，求您让我中一次彩票吧！阿门。”

又过了几天，他再次出现在教堂，同样重复他的祈祷。如此周而复始，不间断地祈求着。

终于有一次，他跪着说：“我的上帝，为何您不垂听我的祈求？让我中彩票吧！只要一次，让我解决所有困难，我愿终身奉献，专心侍奉您……”

就在这时，圣坛上空传来一阵洪亮庄严的声音：“我一直垂听你的祷告。可是，最起码，你老兄也该先去买一张彩票吧！”

故事听起来似乎有些可笑，可笑过之后却不得不令人反思，生活中渴望天上掉馅饼这种荒唐事的人并不少见。这些人沉溺于梦想之中，希望有一天梦想能变成现实。但事实上，这些人永远不会实现梦想，原因很简单，光想不做只能是空想，只有行动才能梦想成真。

另一个故事也告诉了我们行动的重要性。一个穷和尚和一个富和尚都住在一个偏远的地方。

有一天，穷和尚对富和尚说：“我想到南海去，您看怎么样？”

富和尚说：“你凭借什么去呢？”

穷和尚说：“一个小瓶，一个饭钵就足够了。”

富和尚说："我多年来就想租船沿长江南下，现在还没做到呢，你凭什么做到？！"

第二年，穷和尚从南海归来，把去南海的事告诉了富和尚，富和尚深感惭愧。

人生目标确定容易实现难。但如果不去行动，那么连实现的可能也不会有。冥思苦想，谋划着自己如何有所成就，是不能代替身体力行去实践的，没有行动的人只是在做白日梦。

然而，积极地做出行动，难的也会变容易。当你面对某一问题时，往往会有许多不同选择，犹豫不决会造成时间的浪费，甚至良机的错失。但如果你及时地采取行动，那么，下决定和实施就都会变得轻而易举了。

生活如同骑着一辆脚踏车，不是维持前进，就是翻倒在地，所以工作时绝对不能把"踩车"的脚松下来，停下来。任何事情行动第一，绝不要拖延，有了目标后就要马上去做，你可以在工作中训练自己养成严格的执行习惯和限时观念，以防止自己的松懈。

心动不如行动，不如闭上你的嘴，抬起你的腿，勇于迈出行动的第一步，你的低调会降低你行动的阻力和心理的压力，你的行动将提高你成功的几率。记住，天上不可能掉馅饼，光说不做，那你将永远没有实现计划的可能。

修心箴言：

人都是有理想的，理想的好处是能增加人对生活的热情，使我们在接受考验的时候，还能为了理想而勇敢地面对。然而，除非我们以理想为基础，然后付诸行动，否则，任何美好的理想都是难以实现的。

5. 自己强大了，才能长久地被认可

一次曾会先生请雪窦禅师到家里讲禅，禅师一向云游四海，没想到与曾会先生谈得特别投机，一住便住了三个月。这三个月的时间里，曾会先生学到了很多人生的哲学，并且更加尊崇雪窦禅师。临别之际，曾会问禅师："禅师，您要到哪里去？"

雪窦很有礼貌地回答道："不一定，也许往钱塘，也许往天台去看看。"

曾会就建议道："灵隐寺的住持延珊禅师跟我很好，我写封介绍信给您带去，他定会好好地待您。"

可是雪窦禅师到了灵隐寺时，并没有把介绍信拿出来求见住持，一直在大众中过了三年。三年后曾会奉令出使浙江，便到灵隐寺去找雪窦禅师，但却没有寺僧知道。曾会不信，便自己去云水僧所住的僧房内，在一千多位僧众中找来找去，才找到雪窦，便问道："为什么您不去见住持而隐藏在这里？是不是我为你写的介绍信丢了？"

雪窦："不敢，不敢，因我是一个云水僧，一无所求，所以不做你的邮差呀！"

即从袖里拿出原封不动的介绍信交还给曾会，双方哈哈大笑。曾会将雪窦引见给住持延珊禅师，延珊禅师甚惜其才，后苏州翠峰寺缺住持时，就推荐雪窦任其住持。

禅师手里拿着介绍信，却不急着用它来引荐自己。最后却一样能得

到大家的尊重。真正有才华的人在哪里都会被认可，介绍信能够起到介绍的作用，他人会在信中认识到你的过去，但是过去并不重要，最重要的还是才华。每个人的出生也不重要，是金子在哪里都会发光。介绍信用得了一时，过期即刻作废。才华却能让一个人的价值永恒地存在。怀揣介绍信却只把自己当邮差，能够揣之而不用，可谓心胸坦荡豁达。本事不同于介绍，虽然同样揣在兜里不向人显示，不得一时显露，却是一世的好财宝。

这个世界上，我们不要太依赖别人。自己拥有了能力，才能在社会上站住脚。我们总是讨厌被批评和指责，喜欢肯定和表扬。这本是人之常情，也许一时的讨好会换来短暂的认可，但是从长远的角度考虑，只有强大了自己，才能长久地被他人认可。

一个国王在临死前，把两个儿子叫到自己面前。对两个儿子说："我就要死了，在我离开之前，我为你们留了两样东西。一样是，这个城堡里所有的金银珠宝。另一样是一把锋利的剑。"

大儿子选择了金银珠宝，二儿子带着剑离开了自己的国家。

二十年后，大儿子已经坐吃山空，沦为了乞丐。而二儿子则成为了另一个国家的国王。原来二儿子带着自己的剑，来到了一座深山里，每天练剑，练得一身好剑法，然后走出深林开始了自己的争霸人生。二十年的时间里，他用自己的剑征服了无数民众，并且娶到了一位貌美如花的妻子。

大儿子选择了依靠父亲的财富度过自己的余生，可是，这样的财富是不可再生的。而二儿子凭借自己的能力，为自己带来了源源不断的财富。孔子说过："不要害怕、担忧别人不了解自己，要害怕、担忧的是自己没有才能。"孤独并不可怕，一时的困境并不可怕，可怕的是一个人没有才能。一个人一旦没有了自己的本事，便成了一个无用之人，如同乞丐一样，等待着老天的眷顾。所以，要想有所作为，首先就要让自己有能力和价值。如果你想让自己的梦想全部实现，如果你想让自己拥有不竭的财富，那么就去发掘自己潜在的能力，不惜一切代价实现它。

修心箴言：

这个世界上，我们不要太依赖别人。自己拥有了能力，才能在社会上站住脚。我们总是讨厌被批评和指责，喜欢肯定和表扬。这本是人之常情，也许一时的讨好会换来短暂的认可，但是从长远角度考虑，只有强大了自己，才能长久地被他人认可。

6. 机遇不会光顾那些生命中的看客

“你尽可以把我的所有工厂、设备、市场、资金全部拿去。但是，只要保留我的组织机构和人才，四年之后，我将仍然是个钢铁大王。”安德鲁·卡内基是美国近代企业史上最有影响的人物之一，世界著名的“钢铁大王”和亿万富翁。人们议论起美国最富有的大财阀，总是把卡内基的名字和“汽车大王”福特、“石油大王”洛克菲勒的名字列在一起。

卡内基是一位成功的创业者。他以自己非凡的天赋、聪明才智和善于抓住机遇的应变能力，使自己在竞争中取得了一次又一次的胜利，使自己的事业从小到大，由弱变强，成为名震天下的大富翁。

1860年前后，卡内基在宾夕法尼亚铁路公司西段任秘书，开始做股票投资。由于他审时度势，抓住机遇，借了600元钱当了股东，三年竟获得500万元的现金红利，这是卡内基获得的第一次成功，是他发家的开始。

一天，宾夕法尼亚铁路西部管理局局长斯考特先生突然问卡内基：“喂，卡内基，你能筹集到500元钱吗？”卡内基面露难色，十分尴尬。因为他父亲刚刚过世，为支付丧葬费、医药费，他全部的积蓄仅剩50元。斯考特见他困窘的样子，便说：“我的一位朋友过世后，他太太将遗产的股份卖给了友人的女儿，现在这位女子急需用钱，想转让股份，是亚当斯快运公司的十股股标，恰好500元。红利是一股一元……”

“这么大一笔钱，我实在是筹集不出来。”卡内基一脸无奈的样子。

“那好，我先替你垫上，无论如何也要把它买下来。”斯考特先生坚

修心

持让卡内基一定要做成这笔生意。

第二天，斯考特先生却犹豫起来，他问卡内基：“对不起，人家非600元不卖。还要吗？”

卡内基却一反昨日的态度，坚定地说：“要。我一定要，请代我先付600元。”由于斯考特先生昨天对他的坚决支持，使他的自信心坚定起来，毅然决定去拼一把。

1856年5月，卡内基用借据和股票作担保写了一张610元的借据，半年利息十元，交给了斯考特先生。

半年后，卡内基母子俩节衣缩食，向亲戚高利借款，以房子为抵押品，千方百计总算还清了所借的债款。不久，一封装有十元钱红利支票的信寄到卡内基手中，他将其交给斯考特先生作为利息。卡内基像完成了一项伟大的事业那样，心中充满了成就感。

一个偶然的机会，一位叫伍德拉夫的设计师找到卡内基。他设计发明了一辆卧铺车的模型。这种卧铺车可方便旅客夜间旅行，构思奇特新颖，在当时是比较先进的客车车型。卡内基把他请到斯考特的办公室。斯考特当时任阿尔图那事业总部部长。他看到伍德拉夫设计的卧铺车模型，非常感兴趣，为其巧妙的构思所吸引，当即双方达成交易。

伍德拉夫说：“如果你们准备制造，请付给我设计费和专利使用费。”斯考特爽快地答应了伍德拉夫的要求：“好的，请快制造两节来看看。”

走出斯考特办公室，伍德拉夫游说卡内基说：“卡内基先生，有没有意思合伙做这笔生意，我打算开一家卧铺车厢制造公司，你出1/8的资金……要您马上拿出1/8的资金，或许有些困难。第一次只要您付217元5角，第二年再按同额的比例付款。也就是说，随着订货的扩大，再增加投资金额……”

卡内基不想放过这个机会。他走访了匹兹堡的银行，申贷资金。银行对他的计划很感兴趣，那位银行家对他说：“那是值得投资的事业，我愿意借你。将来若是赚了大钱，要存入我的银行啊！”试投产后，卧铺车厢的订货单非常多，许多铁路公司对新车型给予了极大关注。卡内基这次投资获得成功，他投资的200余元，一年之间的红利不下5000元。

卡内基后来被提升为匹兹堡管理局长，他与创办匹兹堡钢铁工厂的柯尔曼出4万元买下了斯陶利农场。这是一个盛产石油的地方。他雇佣马车拉油桶，用平底船行驶于阿勒格尼河不停地运送石油，建立了贮油槽，大量存油，等市场油价上涨时高价卖出。一年后，卡内基分到100万元的现金红利，三年后达到500万元。

卡内基以600元买下的股份，三年后，他就成为拥资500万的富翁。他出色的才干与非凡的能力，使他日后的事业如日中天，步步走向辉煌。

他没有满足自己一时一事的成功，他有更高的目标去追求。29岁的卡内基把目光投向了钢铁业。“美洲大陆现在是铁路时代、钢铁时代，需要建造铁桥、火车头和钢轨，钢铁是一本万利的。”卡内基准确地预见了钢铁业发展的大好前景，他毅然辞去了宾夕法尼亚铁路公司的职务，带着如何实现自己理想的思考，渡过大西洋到伦敦考察。这是他事业上的一次飞跃。他买下了道兹工程师兄弟的钢铁制造的专利。他给其弟汤姆的信中说：“我和乔治一同参观了钢铁的最新制法，这种新方法将会给今后的铁路铁轨制造带来革命。我已经和道兹兄弟签约买下美国的专利，这项专利的价值至少值5000磅黄金。”

随着经济的迅猛发展，对钢铁的需求大增，卡内基抓住良机，全力以赴地大干起来，向钢铁业投入了全部的精力。他又一次获得了成功。

卡内基在与同行的竞争中也是一个天才，他眼睛盯住自己的对手，抓住机会以强击弱，逐步建立自己对钢铁业的垄断。他看中了一家叫狄克仙的钢铁公司。这家公司所发明的轧延铁轨制法，在全美处于领先地位。由于工人罢工，这家公司危机重重濒临破产。

“若买下狄克仙的话，要垄断全国的铁路用轨就不是梦想了。”董事长弗里克对卡内基说。卡内基早有此意，现在机会已到，他想的是出多少钱的问题。他要董事长弗里克先出60万与狄克仙公司谈判，结果遭到拒绝。这时，突然传来令人吃惊的消息：“不知是谁散发了奇怪的传单给全美铁路，说狄克仙的铁轨材质缺乏均一性，是有缺陷的产品。”消息传出，狄克仙极为被动，迫不得已以100万美元的低价忍痛将公司卖给了卡内基。

吞掉狄克仙公司，第二年收益就达到500万。之后，卡内基将资金增到2500万元，公司更名为卡内基钢铁公司。不久，又更名为US钢铁企业集团。他的公司几乎垄断了美国的钢铁市场，成为世界上最大的钢铁公司之一。

纵观卡内基的成功史，其实就是一个不断把握机会的过程。善于把握机会的人，终会成功的。

修心箴言：

有人可能会抱怨机会难得，殊不知，机会是最公正的，只是它永远不会光顾那些生命中的看客。对于那些孜孜不倦的跋涉者，它则会表现出极大的无私与慷慨，只要你肯把握，它就会留在你的身边。